FENZI SHENGWUXUE
GAOJIE SHIYAN

分子生物学高阶实验

向云　钱东 / 主编
张华　宋渊　易静　林芳　程博　何永兴 / 副主编

蘭州大學出版社
LANZHOU UNIVERSITY PRESS

图书在版编目（CIP）数据

分子生物学高阶实验 / 向云，钱东主编. -- 兰州 : 兰州大学出版社，2025. 8. -- ISBN 978-7-311-06953-7

Ⅰ. Q7-33

中国国家版本馆CIP数据核字第20256D3J07号

责任编辑　米宝琴
封面设计　汪如祥

书　　名　分子生物学高阶实验
　　　　　FENZI SHENGWUXUE GAOJIE SHIYAN
作　　者　向　云　钱　东　主编
出版发行　兰州大学出版社　（地址:兰州市天水南路222号　730000）
电　　话　0931-8912613(总编办公室)　0931-8617156(营销中心)
网　　址　http://press.lzu.edu.cn
电子信箱　press@lzu.edu.cn
印　　刷　甘肃发展印刷公司
开　　本　710 mm×1020 mm　1/16
成品尺寸　170 mm×240 mm
印　　张　8.5
字　　数　130千
版　　次　2025年8月第1版
印　　次　2025年8月第1次印刷
书　　号　ISBN 978-7-311-06953-7
定　　价　58.00元

前　言

分子生物学是高等院校生物学、医学、农学等相关专业的重要基础课程，主要从分子层面研究DNA、RNA、蛋白质等生物大分子的结构与功能，从而揭示生命现象的基本规律。作为生命科学的核心学科，分子生物学为认识生命的本质提供了关键的视角。

随着生命科学的飞速发展，分子生物学在揭示生命现象、解析疾病机制，以及推动生物技术进步方面发挥着日益重要的作用。例如，分子生物学技术被广泛应用在疾病诊断和精准医疗中，其中，核酸检测等技术对重大疫情的早期诊断和防控起到了关键作用，并极大地提升了公共卫生体系的应急响应能力。此外，分子生物学技术也是生物育种的基础，这直接关系到粮食安全和农业的可持续发展。党的二十大报告强调："全方位夯实粮食安全根基，全面落实粮食安全党政同责，牢牢守住十八亿亩耕地红线，逐步把永久基本农田全部建成高标准农田，深入实施种业振兴行动，强化农业科技和装备支撑，健全种粮农民收益保障机制和主产区利益补偿机制，确保中国人的饭碗牢牢端在自己手中。"在此背景下，分子生物学技术在保障粮食安全、推动绿色农业发展，以及维护生态环境稳定等方面承担着重要的历史责任和时代使命。

分子生物学实验课程是理论与实践相结合的重要技术，也是学习其他微观生命科学课程和开展科研工作的基础。为适应分子生物学研究的发展，以满足国家对生物、医学和农业领域高层次生物科技人才的培养需求，我们综合《分子生物学》教学团队的最新科研成果，编写了本教材。本教材完善并健全了实验技术体系，以全面对接科研、医疗和农业生产实践。

在分子生物学基础实验教学中，学生主要学习聚合酶链式反应、DNA

重组技术的基本流程、原核蛋白诱导和表达，以及Western blot等技术。然而，仅仅掌握这些基本的分子生物学技术对于未来从事生物、医学和农业等科研和应用工作仍显不足。因此，我们设计了“分子生物学高阶实验”课程。该课程涵盖当前生命科学研究中常用的前沿实验技术，如一步法克隆、定点突变、微量热泳动、等温滴定量热法、CRISPR-Cas9基因编辑技术、单细胞测序技术等。本教材整合了分子生物学领域的部分最新科研成果，并将多个实验融合为一个整体，旨在帮助学生掌握先进的分子生物学方法，建立完整的科学研究思路。

面对疫情、疾病、自然灾害等全球性挑战，生命健康、粮食安全和生态环境稳定成为人类社会关注的焦点。生物医学技术和农业技术在保障人类生命健康、稳定经济和促进发展等方面正发挥着日益重要的作用。为此，我们将指导学生运用分子生物学技术分析和解决实际问题，提升其综合素养；加深对生命健康、粮食安全和生态环境稳定重要性的认识；培养探索未知、追求真理的责任感和使命感；树立深厚的家国情怀和远大的理想抱负；全面提升学生的综合素质，以满足国家对高层次生命科学和农业科技人才的需求。

本教材在内容编排上注重层次性和系统性，概念准确、内容简练、方法实用，以便于教学和科研使用。在编写过程中，我们参考了多项分子生物学实验技术和前沿进展，在此表示衷心的感谢！由于编者水平有限，书中难免存在遗漏和不足之处，敬请广大读者批评指正，以便后续修订。

目 录

实验一　一步克隆法

【实验目的】

（1）了解一步克隆法的原理和步骤；

（2）掌握引物的设计；

（3）掌握同源重组法构建质粒载体。

【实验原理】

一步克隆法（one step cloning）是一种利用同源重组的原理进行无缝克隆的技术，该技术无须考虑酶切位点，几乎适用于任何载体与任何片段的定向克隆。实验过程简单快速，在37 ℃条件下，只需30 min即可完成反应。首先，需要线性化载体；其次，在插入片段正/反两端PCR引物的5′端引入线性化载体的末端序列，使得该PCR产物的5′和3′末端分别带有和线性化载体末端一致的序列（15～30 bp）；最后，PCR产物和线性化载体按一定比例混合，在重组酶的催化下，连接反应于37 ℃孵育30 min即可进行转化，完成定向克隆。

一步克隆法需要在引物设计时装配与载体相同的碱基序列，这样能够将扩增的DNA产物定向插入任何线性化载体的任何位点。通过同源重组，不需要DNA连接酶即可完成线性化载体和插入片段的连接。

图1-1是一步克隆法原理示意图。

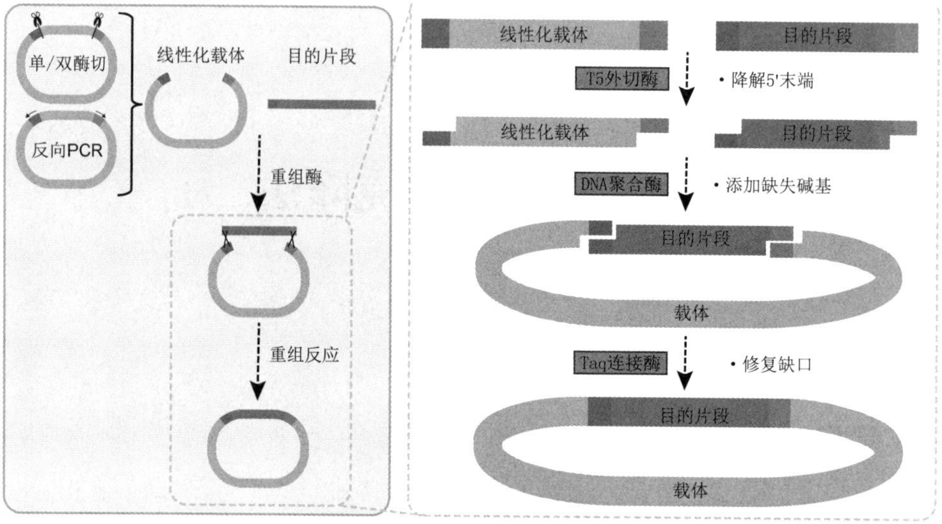

图1-1　一步克隆法原理示意图

【实验流程】

图1-2是一步克隆法实验流程。

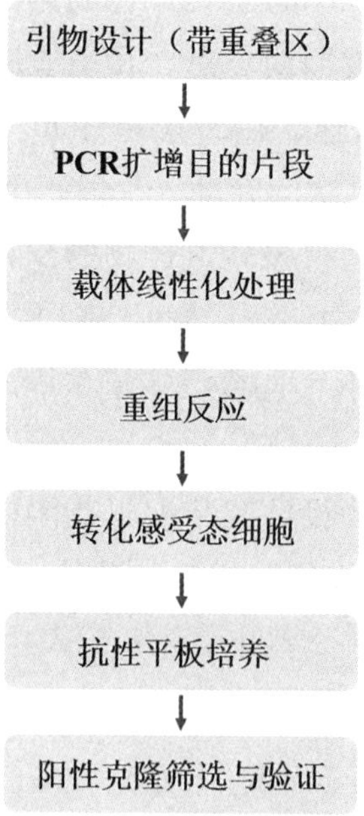

图1-2　一步克隆法实验流程

【实验器材和试剂】

1.实验仪器

PCR仪、离心机、三孔电热恒温水槽、超净工作台、电热恒温培养箱、振荡器、制冰机、微量分光光度计。

2.实验材料

大肠杆菌DH5α、原核表达载体pET-28a、拟南芥cDNA。

3.实验试剂

DNA重组酶（Vazyme）、高保真DNA聚合酶（MIX）、限制性内切酶 *Bam*H Ⅰ，*Hind* Ⅲ。

【实验步骤】

1.目的片段引物设计

通过SnapGene软件进行引物设计，在目的片段 *BBX25* 的5′端和3′端（注意3′端序列去掉终止密码子）分别选取上游引物和下游引物，引物的退火温度在55～60 ℃，GC含量尽可能在40%～60%。在上游引物和下游引物序列的5′端分别加上16 bp的载体同源臂序列。设计引物如下：

BBX25-F:

5′-<u>GTGCGGCCGCAAGCTT</u><u>ATGAAGATACAATGTGATGTGTGTGAG</u>-3′

上游载体同源臂序列　　　　目的片段序列

BBX25-R：5′-<u>AATGGGTCGCGGATCC</u><u>GCCTAGGTCGGGGACT</u>-3′

下游载体同源臂序列　　　　目的片段序列

2.目的片段引物扩增

在冰上配制50 μL反应体系，具体如表1-1所示。

表1-1 PCR反应体系

名称	用量
DNA模板	1～5 μL
BBX25-F(10 μmol/L)	2.5 μL
BBX25-R(10 μmol/L)	2.5 μL
高保真DNA聚合酶(MIX)	25 μL
ddH_2O	up to 50 μL

并按照三步法程序进行PCR扩增，如表1-2所示。

表1-2 PCR扩增三步法程序

循环步骤	温度	时间	循环数
预变性	98 ℃	3 min	1
变性	98 ℃	10 s	
退火	57 ℃	20 s	30～35
延伸	72 ℃	30 s/kb	
终延伸	72 ℃	5 min	1

PCR产物加入5 μL 10× DNA Loading Buffer，涡旋混匀后进行琼脂糖凝胶电泳。切取670 bp大小的条带进行胶回收，得到目的片段扩增产物。胶回收步骤参考琼脂糖凝胶回收试剂盒说明书进行。

3.载体线性化

在pET-28a（+）载体的多克隆位点（MCS）上选取*Hind* Ⅲ和*Bam*H Ⅰ限制性内切酶位点，如下所示：

Hind Ⅲ　　　　　　　　　　*Bam*H Ⅰ

5′-CTCGAGTGCGGCCGCAAGCTTGTCGACGGAGCTCGAATTCGGATCC-3′

3′-GAGCTCACGCCGGCGTTCGAACAGCTGCCTCGAGCTTAAGCCTAGG-5′

在冰上配制20 μL反应体系，具体如表1-3所示。

表1-3　酶切反应体系

名称	用量
*Bam*H Ⅰ	1 μL
Hind Ⅲ	1 μL
10× K Buffer	2 μL
DNA	≤1 μg
ddH_2O	up to 20 μL

将PCR小管插到泡沫浮板上，在37 ℃水浴锅中反应3 h，然后在65 ℃水浴锅中热失活10 min。取出后，在PCR小管中加入10× DNA Loading Buffer，涡旋混匀后进行琼脂糖凝胶电泳。切取700 bp大小的条带进行胶回收。胶回收步骤参考琼脂糖凝胶回收试剂盒说明书进行。

4.一步克隆

4.1　浓度测定

使用微量分光光度计测定目的片段产物和线性化载体胶回收产物的浓度。

4.2　载体和片段使用量计算

重组反应体系最适克隆载体使用量为0.03 pmol，最适插入片段使用量为0.06 pmol（载体与插入片段摩尔比为1：2）。这些摩尔数对应的DNA质量可以由以下公式粗略计算获得：

最适克隆载体使用量=［0.02×克隆载体碱基对数（pET-28a为5,350 bp）］ng =107 ng

最适插入片段使用量=［0.04×插入片段碱基对数（*BBX25*为714 bp）］ng =28.56 ng

4.3　重组反应

在冰上配制20 μL反应体系，具体如表1-4所示。

表1-4 重组连接体系

组分	重组反应	阴性对照
线性化载体	8 μL(可变)	14 μL
插入片段	6 μL(可变)	0 μL
5×CE Ⅱ Buffer	4 μL	4 μL
Exnase Ⅱ	2 μL	2 μL
ddH_2O	up to 20 μL	up to 20 μL

使用移液器轻轻吸打混匀（请勿振荡混匀），短暂离心将反应液收集至管底。37 ℃反应30 min，将重组产物置于4 ℃或冰上保存。

5.重组产物转化

（1）在冰上解冻大肠杆菌感受态细胞（DH5α）。

（2）取10 μL重组产物加入100 μL的感受态细胞中，用移液器轻轻吸打混匀，冰上静置30 min。

（3）42 ℃水浴热激90 s后，立即置于冰上冷却5 min。

（4）加入500 μL LB液体培养基（不添加抗生素），37 ℃摇菌45 min（转速为150～180 r/min）。

（5）将Kan抗性的LB固体培养基平板在37 ℃的培养箱中预热。

（6）5,000 r/min（2,400 *g*[①]）离心5 min，弃掉500 μL上清液。用移液器将剩余培养基轻轻吸打混匀，用无菌涂布棒在含有Kan抗性的平板上轻轻涂匀，在超净工作台中晾2～ 5 min，用封口膜密封平板。

（7）在37 ℃培养箱中倒置培养12～16 h。

6.重组产物鉴定

6.1. 菌落PCR鉴定

过夜培养后，重组反应平板上形成数百个单菌落，而阴性对照平板上的单菌落数显著少于前者。

挑取重组反应平板上若干个单菌落进行菌落PCR鉴定，鉴定引物如下：

BBX25-F：5′-ATGAAGATACAATGTGATGTGTGTGAG-3′

①离心力（*g*）$=1.118\times10^{-5}\times R$(转子半径) × (r/min)^2，后文同。

T7-R：5′-CATGACTGGTGGACAGCAAA-3′

上游引物选用*BBX25*片段的5′端序列，下游引物选用pET-28a（+）载体上*T7* tag序列。

如果克隆正确，应有748 bp左右的条带，该单菌落即被鉴定为阳性菌落。

6.2　Sanger测序鉴定

在超净工作台中挑取阳性菌落于5 mL LB液体培养基中，加入5 μL 50 mg/mL的Kan抗生素，于37 ℃摇床摇菌12～16 h（200～220 r/min）后，将菌液送测。测序结果正确后提取质粒载体。质粒提取方法参考质粒小提试剂盒说明书进行。

【注意事项】

（1）避免引物形成二聚体、发卡结构，否则会影响PCR扩增效率。

（2）纯化PCR产物后再用于组装，避免酶抑制物的干扰。

（3）优选化学感受态（高效感受态）或电转细胞，转化效率会直接影响克隆成功率。

（4）注意目标序列的方向和插入完整性。

【思考题】

（1）重组反应设置阴性对照的作用。

（2）如何提高一步克隆法的效率?

（张华　董维超）

实验二 重叠延伸PCR

【实验目的】

（1）了解重叠延伸PCR的使用场景；

（2）掌握重叠延伸PCR的实验操作，通过重叠延伸PCR构建所需的目的片段。

【实验原理】

重叠延伸PCR（overlap extension PCR，OE-PCR）是一种常用的体外高效DNA序列拼接技术，广泛应用于基因定点突变、基因融合、长片段合成和基因敲除等领域。OE-PCR的基本原理是利用PCR技术中的引物设计和DNA聚合酶的延伸能力，将两个或多个具有部分重叠序列的DNA片段连接起来。在OE-PCR中，需要设计两对或多对引物，其中一对引物的3′端与另一对引物的5′端具有部分互补序列，这样在进行PCR扩增时，这些互补序列就会相互结合，从而将两个片段连接起来。

DNA聚合酶促进PCR过程中DNA的延伸，可以在引物的引导下合成新的DNA链。当引物结合到DNA模板上时，DNA聚合酶会从引物的3′端开始延伸，合成新的DNA链。在OE-PCR中，由于设计的引物具有重叠序列，因此，当两个片段的引物都结合到模板上时，DNA聚合酶将会促进这两个片段连接起来，生成一段更长的DNA片段。

图2-1是重叠延伸PCR原理示意图。

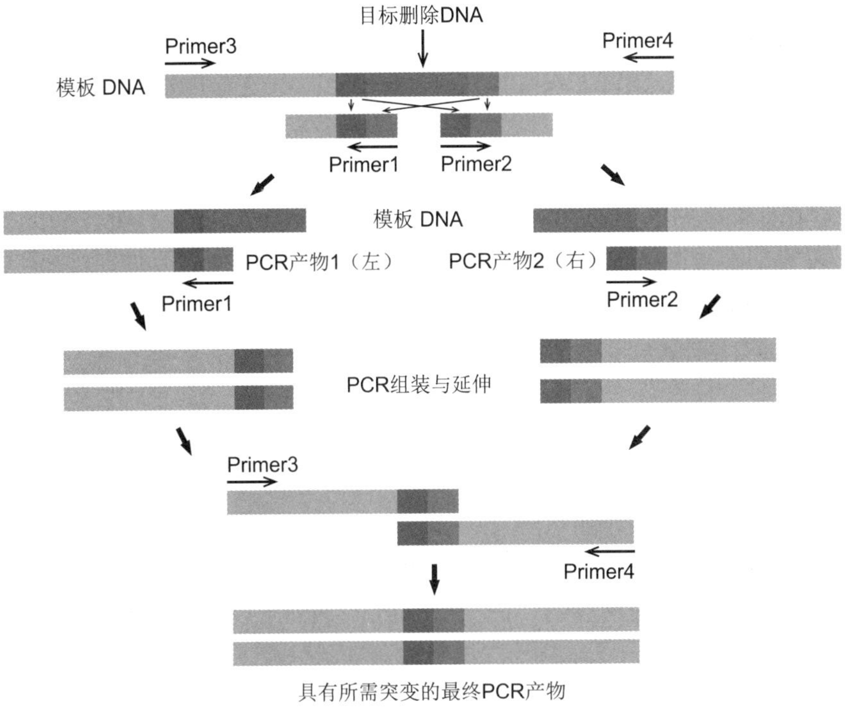

图2-1　重叠延伸PCR原理示意图

【实验流程】

图2-2是重叠延伸PCR实验流程。

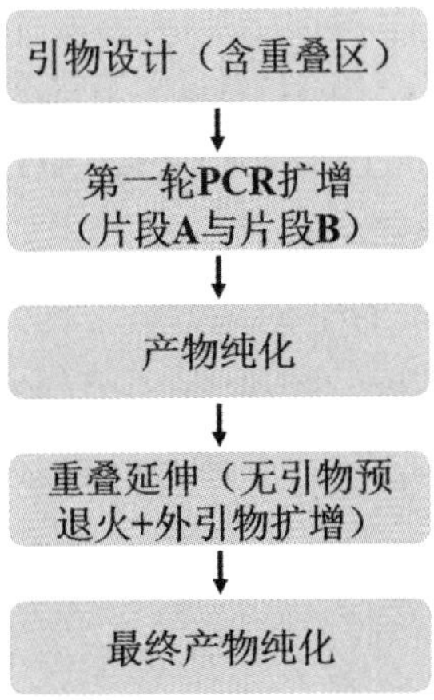

图2-2　重叠延伸PCR实验流程

【实验器材和试剂】

1. 实验仪器

PCR仪、离心机、振荡器。

2. 实验材料

野生型拟南芥cDNA、扩增引物（商业公司合成）。

3. 实验试剂

高保真DNA聚合酶（MIX）、ddH_2O。

【实验步骤】

1. 目的片段的引物设计

通过软件Snapgene设计目的基因*BBX25*（第70～85位氨基酸缺失片段，命名为*mBBX25*）的引物，将缺失前后的两部分分别记为*BBX25*part1、*BBX25*part2。

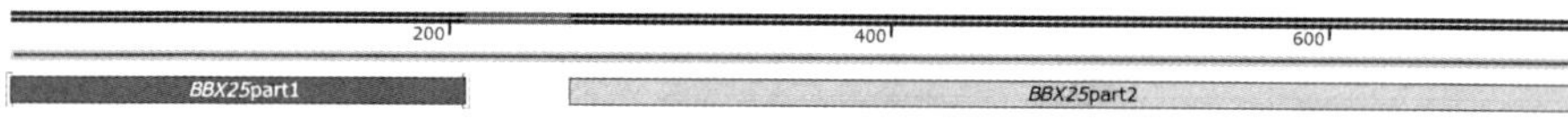

设计*BBX25*part1、*BBX25*part2两个片段的扩增引物，其中*BBX25*part1扩增引物的反向互补链5'→3'端引物与*BBX25*part2序列有15～20 bp的同源片段。

*BBX25*part1-F：ATGAAGATACAATGTGATGTGTGTG

*BBX25*part1-R：GAGCGAGTATTTGGCGCACAGAATATGAAAGCTGCCTTC

*BBX25*part2-F：GCGCCAAATACTCGC

*BBX25*part2-R：GCCTAGGTCGGGGAC

2. 目的片段*BBX25*part1、*BBX25*part2扩增

将*BBX25*part1、*BBX25*part2两个片段以野生型拟南芥cDNA为模板进行PCR扩增。

PCR反应体系如下所示：

高保真DNA聚合酶（MIX）　　25 μL

拟南芥cDNA	2 μL
引物F	2.5 μL
引物R	2.5 μL
Add ddH_2O	To 50 μL

将反应体系加好后于置于PCR仪中进行PCR扩增反应。

PCR反应程序如表2-1所示。

表2-1　PCR反应程序

循环步骤	温度	时间	循环数
预变性	98 ℃	3 min	1
变性	98 ℃	10 s	30～35
退火	55 ℃	20 s	
延伸	72 ℃	30 s/kb	
终延伸	98 ℃	5 min	1

其中，退火温度T_m值根据所设计引物决定。

*BBX25*part1、*BBX25*part2扩增完成后，通过琼脂糖凝胶电泳确定DNA片段大小是否与预期相符。若是大小合适，则通过胶回收试剂盒分别回收*BBX25*part1、*BBX25*part2相对应的DNA片段。

3. 目的片段*BBX25*part1、*BBX25*part2重叠延伸

*BBX25*part1、*BBX25*part2 DNA片段回收后，分别以*BBX25*part1、*BBX25*part2为模板，以如下体系和程序扩增10～15个循环。

第一步PCR反应体系如下所示：

高保真DNA聚合酶（MIX）	25 μL
*BBX25*part1	2 μL
*BBX25*part2	2 μL
Add ddH_2O	To 50 μL

第一步PCR反应程序如表2-2所示。

表2-2 重叠延伸PCR第一步反应程序

循环步骤	温度	时间	循环数
预变性	98 ℃	3 min	1
变性	98 ℃	10 s	10～15
退火	55 ℃	20 s	
延伸	72 ℃	30 s/kb	
终延伸	98 ℃	5 min	1

其中，退火温度 T_m 值根据所设计引物决定。

然后，在第一步反应产物中，加入 *BBX25*part1 的正链 5′→3′端引物和 *BBX25*part2 的反向互补链 5′→3′端引物，再进行 PCR 反应。反应体系和程序如下所示：

第二步 PCR 反应体系：

第一步反应产物	50 μL
*BBX25*part1-F	2 μL
*BBX25*part2-R	2 μL

第二步 PCR 反应程序如表 2-3 所示。

表2-3 重叠延伸PCR第二步反应程序

循环步骤	温度	时间	循环数
预变性	98 ℃	3 min	1
变性	98 ℃	10 s	30～35
退火	55 ℃	20 s	
延伸	72 ℃	30 s/kb	
终延伸	98 ℃	5 min	1

其中，退火温度 T_m 值根据所设计引物决定。

4. 验证连接结果

在*BBX25*part1、*BBX25*part2经过重叠延伸连接过后，通过琼脂糖凝胶电泳验证结果，确定所得DNA片段大小是否与预期相符。若是大小合适，则通过胶回收试剂盒回收所得片段。

【实验结果】

图2-3是重叠延伸PCR结果。

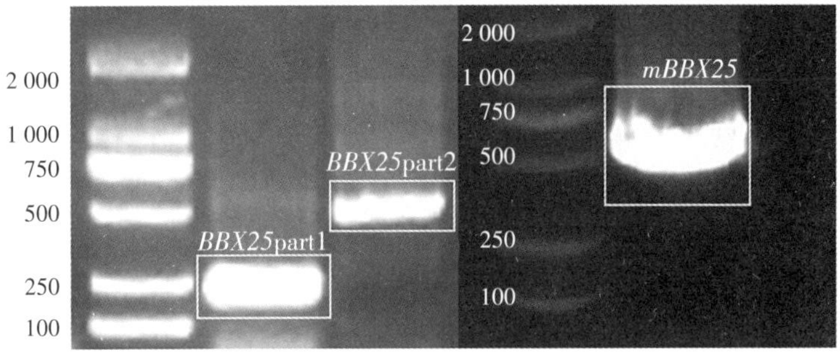

图2-3　重叠延伸PCR结果

设计*BBX25*part1、*BBX25*part2两个片段的扩增引物，特别是*BBX25*part1扩增引物的反向互补链5′→3′端引物与*BBX25*part2序列有15～20 bp的同源片段。通过第一步PCR反应，*BBX25*part1、*BBX25*part2两个片段能够靠15～20 bp的同源片段连接在一起；然后以此连接片段为模板，分别添加两端的引物，即*BBX25*part1-F和*BBX25*part2-R，将所需的*mBBX25*的DNA片段经扩增得到。得到的DNA片段通过胶回收，将胶回收产物送至测序公司进行测序，待测序结果正确后用于后续实验。

【注意事项】

（1）引物设计。重叠互补引物的设计是重叠延伸PCR技术成功的关键。相连引物间的重叠区域以15～20个碱基为宜，重叠区域中应尽量避免富含AT（ATTTA、AATAA、AATTAA等）的序列，因为在片段合成过程中，接头区富含AT的区域极易发生错配。

（2）Taq酶的选择。为了最大限度地避免碱基的错配，重叠延伸PCR反应应避免使用普通Taq酶，因为Taq酶会在PCR产物末端加A，从而可能会使产物发生移码突变，一般采用高保真DNA聚合酶。

（3）热循环条件。对于重叠延伸PCR反应，循环不宜过多，变性的温度也不宜过高，时间不宜过长。高温会使DNA受到损伤，造成DNA酶终止合成。考虑到DNA聚合酶的扩增效率、错配率，每一轮反应的循环数控制在20～25个为宜。循环次数过多，碱基错配的概率就会增大；循环次数太少，则得不到足够的拷贝数进行下一轮反应。反应的退火温度也要根据引物而定，在保证产物扩增效率的前提下，应尽量提高退火温度以提高产物的特异性，为下一轮PCR反应提供高质量的模板，从而降低反应的错配率。

【思考题】

（1）除了本实验所用的目的片段的连接外，重叠延伸PCR还有哪些适用范围？

（2）如何提高PCR的质量和产率？

（张华　马正龙）

实验三　酵母双杂交实验

【实验目的】

（1）掌握酵母双杂交实验的原理；

（2）掌握酵母双杂交实验的流程和步骤。

【实验原理】

酵母双杂交（yeast two-hybrid，Y2H）实验是一种研究蛋白质-蛋白质之间相互作用的技术，该技术首先在研究真核基因转录调控中被建立。典型的真核生物转录因子都含有两个不同的结构域：DNA 结合结构域（DNA-binding domain，DBD）和转录激活结构域（activation domain，AD）。DNA 结合结构域可识别 DNA 上的特异序列，并使转录激活结构域定位于所调节的基因的上游；转录激活结构域可同转录复合体的其他成分作用，启动它所调节的基因的转录。两个结构域可在其连接区适当部位断开，但仍具有各自的功能。将两个待测蛋白分别与这两个结构域组成融合蛋白，并共表达于同一个酵母细胞内。如果两个待测蛋白能发生相互作用，就会通过待测蛋白的桥梁作用使 AD 与 DBD 形成一个完整的转录激活因子，并激活相应的报告基因表达。通过对报告基因表型的测定，可以知道待测蛋白分子间是否发生了相互作用。

酵母双杂交系统由三个部分组成：①与 DBD 融合的蛋白表达载体，被表达的蛋白称诱饵蛋白（bait）；② 与 AD 融合的蛋白表达载体，被表达的蛋白称靶蛋白（prey）；③带有一个或多个报告基因的宿主菌株。常用的报告基因有 *HIS3*、*LacZ* 和 *ADE2* 等，而菌株则是相应的营养缺陷型。双杂交质粒上分别带有不同的抗性基因和营养标记基因，这有利于实验后期杂交质粒的鉴定与分离。

在酵母双杂交实验中，诱饵蛋白以酵母转录因子Gal4 DNA结合域（DNA-BD），而猎物蛋白（库）则以融合方式表达到Gal4激活域（AD）。在酵母双杂交系统中，当诱饵和猎物蛋白相互作用时，会将DNA-BD和AD靠近，从而激活3个独立报告基因（*ADE2*、*HIS3*和*LacZ*）的转录。

图3-1是酵母双杂交实验原理示意图。

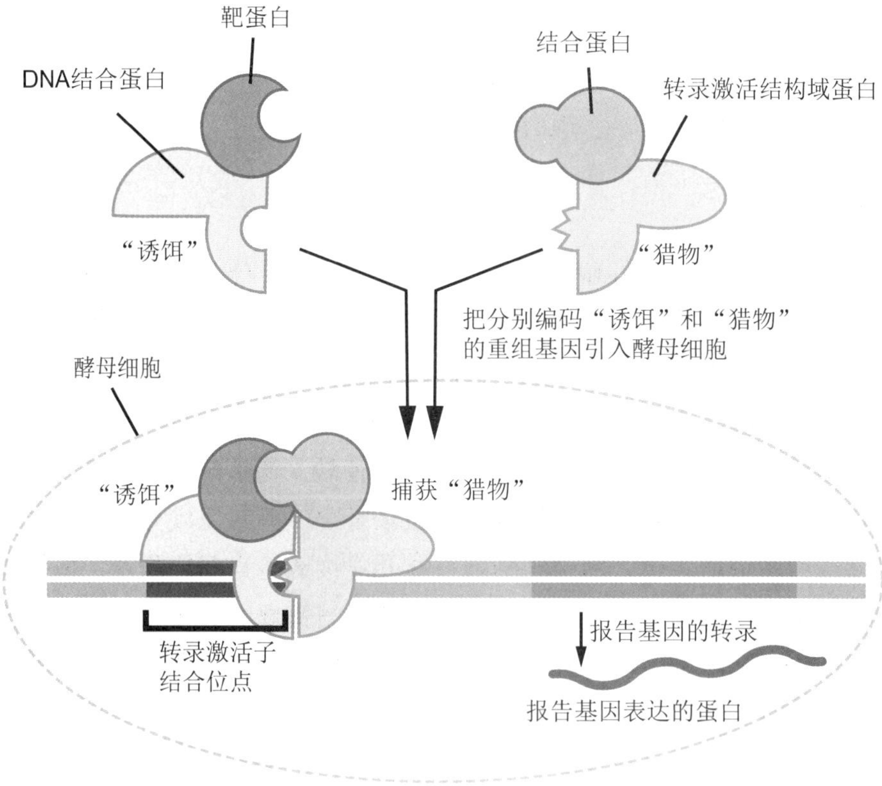

图3-1　酵母双杂交实验原理示意图

【实验流程】

图3-2是酵母双杂交实验流程。

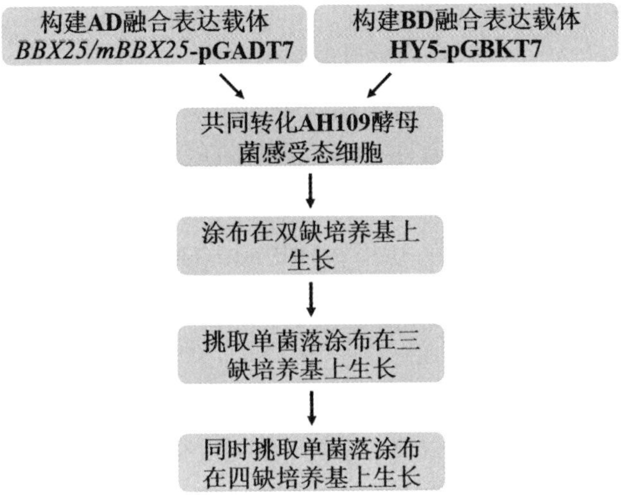

图3-2　酵母双杂交实验流程

【实验器材和试剂】

1. 实验仪器

恒温摇床，恒温培养箱，电子天平，pH计，高压灭菌锅，微量移液器，超净工作台，制冰机，灭菌平板。

2. 实验材料

酵母菌株AH109，pGBKT7与pGADT7载体，pGBKT7-HY5 BD表达载体，pGADT7-BBX25与pGADT7-mBBX25 AD表达载体。

3. 实验试剂

（1）鲑鱼精DNA。

（2）YPDA培养基：yeast extract 10 g、peptone 20 g、0.2% adenine 10 mL、琼脂15 g，加水至950 mL，高温高压灭菌，将葡萄糖配制为40%的母液单独灭菌，然后在超净工作台上向培养基中加入50 mL 40%的葡萄糖母液，倒平板。

（3）SC-（完全合成培养基）：yeast nitrogen base 1.7 g，硫酸铵5 g，SC-agar 15 g，加适量水，用KOH将pH调至6～6.3，定容至950 mL，高温高压灭菌，在超净工作台上加入灭菌过的40%葡萄糖母液50 mL。

（4）酵母转化相关溶液：

①1 mol/L LiAc：溶解定容后过滤除菌。

②10×TE：100 mmol/L Tris-HCl，10 mmol/L EDTA，pH7.5 高压灭菌。

③ 1×TE/LiAc：1 mL 10×TE，1 mL 1 mol/L LiAc，8 mL ddH_2O，现配现用。

④TE/LiAc/PEG：10 mL 10×TE，10 mL1 mol/L LiAc，40 g PEG-3350，加水至100 mL过滤灭菌。

【实验步骤】

1. 酵母菌株活化

（1）蘸取少许AH109酵母菌液划线于YPDA固体培养基上，30 ℃倒置培养2～4天。

（2）挑取几个克隆于1 mL YPDA液体培养基中，用枪仔细吹打，使菌分开，将其转移至50 mL YPDA液体培养基中，30 ℃振荡培养约20 h（过夜培养），使其OD_{600}达到1.2左右。

2. 酵母感受态制备

（1）将30 mL菌液转入300 mL（体积视转化个数确定，一般50 mL菌液可以做10个转化）YPDA液体培养基中培养4 h左右，使其OD_{600}达到0.4～0.6；

（2）将菌液转入离心管中，700 *g*，室温离心5 min，弃上清；

（3）20 mL ddH_2O重悬细菌沉淀（一定要轻），700 *g*，离心5 min收集细菌，弃上清；

（4）重复步骤3一次；

（5）20 mL 1×TE/LiAc重悬细菌沉淀，700 *g*，离心5 min收集细菌，弃上清；

（6）重复步骤5一次，用1.5 mL新鲜配制的1×TE/LiAc重悬后即为酵母感受态细胞。

3. 质粒共转化及培养

（1）将约1 μg bait载体、1 μg prey载体和50 μL预变性的鲑鱼精DNA加入1.5 mL离心管中混匀；

（2）加入100 μL酵母感受态细胞，充分混匀；

（3）加入600 μL TE/LiAc/PEG，剧烈振荡（提高转化效率）；

（4）30 ℃，200 r/min振荡培养30 min；加入70 μL DMSO，缓缓倒置混匀（不能振荡）；

（5）42 ℃水浴热激20 min，每10 min上下颠倒混匀一次，热激后迅速冰水浴冷却5 min；

（6）700 *g*，室温离心5 min，收集菌体，弃上清；

（7）ddH_2O重悬洗涤一次菌体，700 *g*，室温离心5 min，收集菌体，弃上清；

（8）利用残余液体重悬菌体，涂布于SD/-Trp-Leu双缺平板上；

（9）30 ℃培养箱培养，第2天即可观察到克隆长出，第3天克隆即长到所需大小。

4. 阳性克隆的验证

挑一个菌落，加入200 μL灭菌H_2O混匀，点5 μL菌落于SD/-Trp-Leu-His三缺固体平板上；同时，将阳性克隆再点于SD/-Trp-Leu-His-Ade四缺平板上（三缺上有可能是假阳性），在超净工作台中放干后再封膜，倒置培养3～5天即可看到结果。

【实验结果】

图3-3是酵母双杂交检测*BBX25*与HY5的相互作用结果。

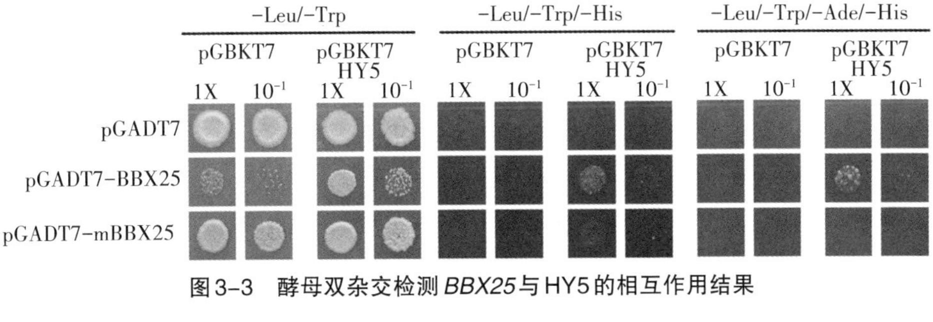

图3-3　酵母双杂交检测*BBX25*与HY5的相互作用结果

【注意事项】

（1）检测感受态细胞效率，操作要标准规范。

（2）注意质粒使用量，检查仪器状态。

（3）配制新鲜培养基，并做对照转化，添加抑制剂，同时增设严格的对照组防止自激活。

（4）应挑选大的、新鲜的菌株克隆进行培养。

【思考题】

（1）检测蛋白质相互作用的方法有哪些？

（2）哪些类型的蛋白适合使用Clontech酵母双杂交系统？为什么？

（易静　李孙靖楠　黄灿）

实验四　GST融合蛋白沉降实验

【实验目的】

（1）了解蛋白质与蛋白质的相互作用方式；

（2）掌握体外检测蛋白质与蛋白质之间相互作用的方法；

（3）掌握蛋白质与蛋白质相互作用的原理和步骤。

【实验原理】

GST融合蛋白沉降实验（GST pull down assay）是体外检测蛋白相互作用的常用方法，可验证已知蛋白之间的相互作用，也可用于筛选与已知蛋白存在相互作用的未知蛋白。其原理是利用带有标签的已知蛋白作为“诱饵”蛋白（最常用的是GST标签蛋白，即谷胱甘肽巯基转移酶，glutathione S-transferase），“诱饵”蛋白特异性结合亲和树脂，当含有目的蛋白的溶液流过亲和树脂时，“诱饵”蛋白特异性捕获其相互作用的蛋白复合物。进一步从亲和树脂上把复合物洗脱下来，通过SDS-PAGE电泳和免疫印迹分析两种蛋白间的相互作用，或者筛选相应的目的蛋白。

该方法类似于免疫共沉淀实验，使用亲和配体捕获相互作用的蛋白。这两种方法又有所不同，主要体现在：免疫共沉淀使用偶联的特异性抗体来捕获蛋白质复合物，而pull down使用的是纯化和标记的蛋白质作为“诱饵”来捕获相互作用的蛋白质。

图4-1是GST pull down实验原理示意图。

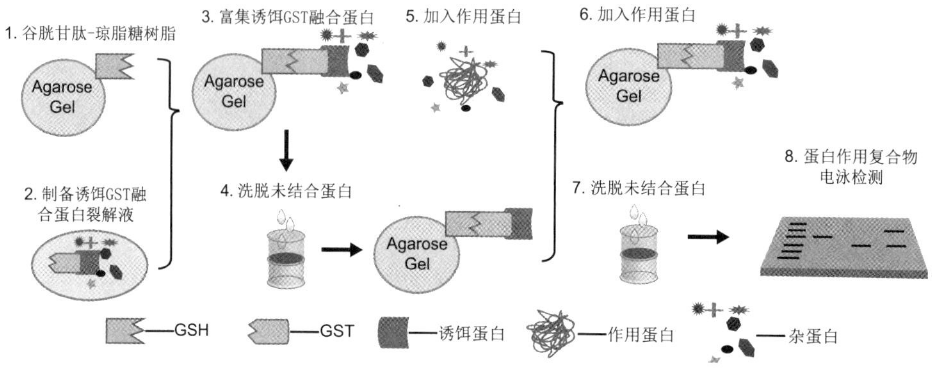

图4-1　GST pull down实验原理示意图

【实验流程】

图4-2是GST pull down实验流程。

图4-2　GST pull down实验流程

【实验器材和试剂】

1. 实验仪器

电源、垂直电泳槽、蛋白湿转膜仪、小型水平摇床、超声破碎仪、化学发光成像仪、PCR仪、制冰机、低温高速离心机、冰箱、翻转摇床、紫外超净工作台。

2. 实验材料

大肠杆菌Rosetta、原核表达载体pET28a、pGEX-6P-1、Glutathione Agarose Resin、His-Ni beads、PVDF膜。

3. 实验试剂

3.1　母液配制

（1）1 mol/L Tris-HCl pH 8.0

将121.1 g Tris溶于800 mL ddH_2O中，用浓HCl将pH调到8.0，定容至1 L。

（2）5 mol/L NaCl

将292.2 g NaCl溶于800 mL ddH_2O中，定容至1 L。

（3）0.1 mol/L PMSF

将0.87 g PMSF溶于50 mL乙醇中，避光储存在-20 ℃中。

（4）1×TBS

50 mmol/L Tris-HCl、150 mmol/L NaCl，加入10 mL 1 mol/L Tris-HCl（pH 8.0）和6 mL 5 mol/L NaCl，定容至200 mL。

（5）10×PBS

称取NaCl 80 g、KCl 2 g、Na_2HPO_4 14.2g、KH_2PO_4 2.7 g，加ddH_2O 800 mL，待搅拌均匀后定容至1 L。

3.2　GST蛋白纯化裂解缓冲液的配制

GST蛋白纯化裂解缓冲液的配制如表4-1所示，调pH到7.4，将DTT和PMSF溶液混匀，4 ℃保存。

表4-1　GST蛋白纯化裂解缓冲液的配制

GST裂解缓冲液（1 L）		
Na_2HPO_4	10 mmol/L	1.42 g
KH_2PO_4	1.8 mmol/L	0.24 g
NaCl	140 mmol/L	8.18 g
KCl	2.7 mmol/L	0.20 g
TritonX-100	0.1%	1 mL
PMSF（现加）	1 mmol/L	10 mL

3.3 GST清洗缓冲液的配制

GST清洗缓冲液的配制如表4-2所示，调pH到7.4。

表4-2 GST清洗缓冲液的配制

GST清洗缓冲液(1 L)		
Na_2HPO_4	10 mmol/L	1.42 g
KH_2PO_4	1.8 mmol/L	0.24 g
NaCl	140 mmol/L	8.18 g
KCl	2.7 mmol/L	0.20 g
TritonX-100	0.1%	1 mL

3.4 GST洗脱缓冲液的配制

GST洗脱缓冲液的配制如表4-3所示，调pH到8.0。

表4-3 GST洗脱缓冲液的配制

GST洗脱缓冲液(100 mL)		
Tris-HCl	50 mmol/L（pH 8.0）	0.61 g
TritonX-100	0.1%	1 mL
GSH(现加)	10 mmol/L	0.61 g

3.5 His蛋白纯化裂解缓冲液的配制

His蛋白纯化裂解缓冲液的配制如表4-4所示，调pH到8.0。

表4-4　His蛋白纯化裂解缓冲液的配制

Binding buffer A液（1 L）		
Na_2HPO_4	20 mmol/L	2.84 g
NaCl	500 mmol/L	29.22 g
咪唑	20 mmol/L	1.36 g

3.6　His清洗缓冲液的配制

His清洗缓冲液的配制如表4-5所示，调pH到8.0。

表4-5　His清洗缓冲液的配制

Elution buffer B液（1 L）		
NaH_2PO_4	20 mmol/L	6.9 g
NaCl	500 mmol/L	29.22 g
咪唑	20 mmol/L	1.36 g

3.7　His洗脱缓冲液的配制

His洗脱缓冲液的配制如表4-6所示，调pH到8.0。

表4-6　His洗脱缓冲液的配制

Elution buffer B液（100 mL）		
NaH_2PO_4	20 mmol/L	0.24 g
NaCl	500 mmol/L	2.92 g
咪唑	250 mmol/L	17.0 g

3.8　pull down缓冲液的配制

pull down缓冲液的配制如表4-7所示，调pH到8.0后加入NP-40，4 ℃保存，过滤后加PMSF。

表4-7 pull down缓冲液的配制

pull down缓冲液(100 mL)		
Tris-HCl	50 mmol/L（pH 8.0）	0.61 g
NaCl	300 mmol/L	1.76 g
NP-40	0.1%	0.1 mL
PMSF(现加)	0.5 mmol/L	

3.9 其他试剂

1mol/L IPTG，LB液体培养基，抗生素（Kan、Amp、chloramphenicol），5×SDS loading buffer。

【实验步骤】

1.诱导表达及可溶性分析

（1）将pGEX-6P-1-HY5、pET28a-BBX25、pET28a-mBBX25（Δ70 aa～85 aa）的质粒分别转入Rosetta菌株中；

（2）挑取单克隆菌落于3 mL含有对应抗生素的LB液体培养液中(pGEX-6P-1载体抗性为Amp，pET28a载体抗性为Kan)，37 ℃，220 r/min培养12～16 h，通过PCR鉴定出阳性克隆，保存于甘油管中备用；

（3）取培养好的新鲜菌液，以1∶100的比例接入50 mL含相应抗生素的LB液体培养基中，并于37 ℃，220 r/min摇培3～4 h；

（4）测定菌液OD_{600}为0.4～0.6后，加入0.3 mmol/L的IPTG，16 ℃继续培养12～16 h；

（5）上述菌液10,000 r/min，1 min离心收集菌体，用10 mL裂解液重悬菌体，超声至半透明状态；

（6）4 ℃，12,000 r/min离心30 min，转移上清液到三角瓶或新的离心管中；

（7）SDS-PAGE胶分析上清和沉淀中目标蛋白的表达量。

2. 纯化GST和GST-HY5蛋白

（1）取培养好的新鲜菌液，以1∶100的比例接入200 mL含有Amp的LB液体培养基中，37 ℃，220 r/min摇培3～4 h；

（2）待菌液浓度OD_{600}达到0.4～0.6时，冷却至16 ℃，加入0.3 mmol/L的IPTG，16 ℃，190 r/min继续培养12～16 h；

（3）10,000 r/min，1 min离心上述菌液，收集菌体；

（4）用30 mL裂解缓冲液重悬菌体（现加cocktail和PMSF）到小烧杯或三角瓶，放置于冰水浴中，用超声破碎仪超声30 min（每次超声3 s，停5 s），至半透明状态；

（5）12,000 r/min，4 ℃离心30 min，取上清转入新的小烧杯或三角瓶中，取上清40 μL制样，同时取部分沉淀制样；

（6）取1 mL Glutathione Agarose Resin于10 mL重力柱中，用20 mL ddH_2O和20 mL裂解缓冲液平衡Glutathione Agarose Resin；

（7）将收集的上清通过恒流泵过Glutathione Agarose Resin柱，恒流泵转速为20 r/min左右，注意在此处制备流穿液样品；

（8）上样完成后，用100 mL左右的GST清洗缓冲液通过恒流泵冲洗柱材，洗脱杂蛋白；

（9）在4 ℃下，用20 mL洗脱缓冲液洗脱蛋白，每次1 mL，前5 mL洗脱液分别收集到1#～5#的EP管中；并继续用15 mL的GST蛋白纯化洗脱缓冲液冲洗柱材，接着用20%的乙醇溶液置换柱材中液体，最后放置于4 ℃保存；

（10）利用SDS-PAGE分析纯化情况，需要以下4个样品：S（上清）、I（沉淀）、F（流穿液）和E（洗脱液）。

3. 纯化His-BBX25和His-mBBX25（Δ70 aa～85 aa）蛋白

（1）取培养好的菌液，按1∶100的比例加入200 mL含有Kan抗生素的LB液体培养基中扩大培养，37 ℃，220 r/min摇培3～4 h，待菌液浓度OD_{600}达到0.4～0.6时，冷却至16 ℃；

（2）加入0.3 mmol/L IPTG进行诱导，16 ℃，190 r/min，继续培养12～16 h；

（3）4 ℃，10,000 r/min，1 min离心上述菌液，收集菌体；

（4）用His裂解缓冲液重悬沉淀，超声破碎细胞30 min，超声3 s，停5 s；

（5）将超声后的菌液4 ℃，12,000 r/min离心30 min，保留上清，弃沉淀，注意在此处制备上清样和沉淀样；

（6）取1 mL His-Ni beads于10 mL重力柱中，用20 mL ddH_2O和20 mL His裂解缓冲液平衡His-Ni柱后，将收集的上清通过恒流泵过His-Ni柱，恒流泵转速为20 r/min，注意在此处制备流穿液样品；

（7）上样完成后，用100 mL左右His清洗缓冲液通过恒流泵冲洗柱材，洗脱杂蛋白；

（8）用20 mL洗脱缓冲液洗脱蛋白，每次1 mL，前5 mL洗脱液分别收集到1#～5#的EP管中；并用His蛋白纯化洗脱缓冲液冲洗柱材，接着用20%乙醇溶液置换柱材的液体，最后放置于4 ℃保存；

（9）利用SDS-PAGE分析纯化情况，需要以下4个样品：S(上清)、I(沉淀)、F(流穿液)和E(洗脱液)。

4. Pull-down实验

（1）提前预冷4个1.5 mL EP管，各加入25 μL Glutathione Agarose Resin；

（2）加 500 μL GST裂解缓冲液冲洗混匀Glutathione Agarose Resin，4 ℃，2,000 r/min，离心1 min，丢弃上清，重复该步骤3次；

（3）分别加入300～500 μL的纯化蛋白GST、GST-HY5，各加两管；

（4）使用GST裂解缓冲液补充至600 μL，4 ℃，在翻转摇床中孵育3 h；

（5）置于4 ℃离心机，2,000 r/min，离心1 min，小心吸弃上清；

（6）加入1 mL GST裂解缓冲液冲洗Glutathione Agarose Resin，2,000 r/min，4 ℃，离心1 min，吸弃上清（不要吸走Glutathione Agarose Resin），重复此步骤3~5次；

（7）在各个管中分别加入300～500 μL的His-BBX25和His-mBBX25（Δ70 aa～85 aa）纯化蛋白，补充GST裂解缓冲液至600 μL，4 ℃，摇床翻转孵育过夜；

（8）置于4 ℃离心机，2,000 r/min，离心1 min，吸去上清，保留400 μL的上清液与柱材混匀；

（9）取100 μL作为Input组，用pull down缓冲液稀释；剩下的作为IP

组，用1mL pull down缓冲液清洗Glutathione Agarose Resin，4 ℃，2,000 r/min，离心1 min，弃上清，重复此步骤10次；

（10）依次取100 μL的IP组和Input组样品到新的1.5 mL EP管中，向每个管中加入25 μL的5×SDS loading buffer，加热煮沸10 min；

（11）5,000 r/min离心5 min，将上清转移到新的1.5 mL EP中，进行Western blotting检测。

5. Western Blotting实验

（1）吸取10 μL蛋白样品，从左到右，每个泳道加10 μL的样品，加样结束后，在右侧的泳道中加入3～5 μL蛋白marker，80 V电泳20 min，之后再120 V电泳40 min；

（2）电泳完成后，剪取合适大小的PVDF膜，用甲醇活化30 s后，放入盛有预冷转膜缓冲液的托盘中浸泡5 min；

（3）取出SDS-PAGE蛋白胶，切去浓缩胶和多余的部分，放入托盘。三明治夹套的黑色向下放置在托盘，按照海绵、滤纸、凝胶、PVDF膜、滤纸、海绵的顺序装入转印夹中，注意顺序不能错，轻轻滚动试管将气泡赶出；

（4）夹紧夹套，将转印夹按正确的方向（黑色面朝向黑色面）放入已加入转膜缓冲液的转膜槽中，200 mA冰浴转膜1.5 h；在此期间，准备好封闭液（15%脱脂奶粉，用TBS-T溶解）；

（5）转膜完成后小心取出PVDF膜，将带有彩虹marker的一侧朝上放入封闭液中，室温下在水平摇床上慢速封闭1 h；

（6）吸弃封闭液，将一抗按1∶10,000稀释于含15%脱脂奶粉的TBS-T中，室温孵育1 h或4 ℃孵育过夜；

（7）回收一抗，加入10 mL TBS-T漂洗5次，每次8 min；

（8）将二抗按1∶10,000的比例稀释于10 mL TBS-T中，混匀，加入孵育盒中，室温孵育1 h；

（9）吸去孵育液，加入10 mL TBS-T漂洗5次，每次8 min；

（10）显色液制备，在2 ml EP管中加入1 mL Luminol/Enhancer Solution和1 mL Stable Peroxide Solution（注意避光保存）；

（11）将PVDF膜放入干净的培养皿中，加入发光液，使发光液均匀覆盖在膜上，用镊子小心放入化学发光仪中成像，手动调节曝光时间，采集曝光图像。

【实验结果】

图4-3是GST pull-down检测HY5与BBX25相互作用的结果图。

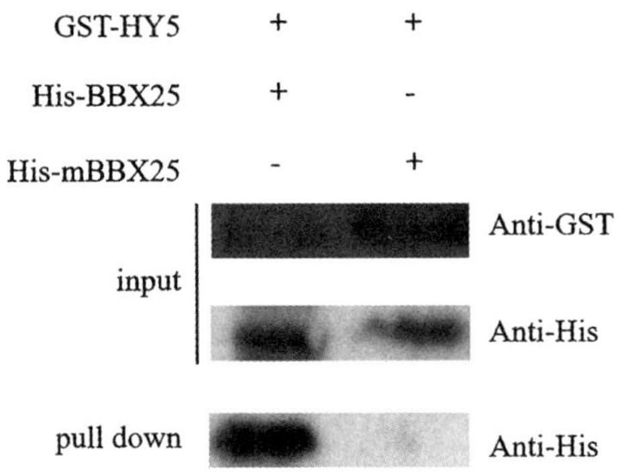

图4-3 GST pull-down检测HY5与BBX25相互作用的结果

【注意事项】

（1）将GST标签克隆到目标蛋白中时，要考虑标签对蛋白质结构和功能的影响，尽量避免标签影响目标蛋白的原有性质。

（2）在实验过程中，需要对样品的处理条件进行优化。例如，诱导表达时选择合适的IPTG浓度和温度，可以提高融合蛋白的表达量；应该选择合适的缓冲液和pH值，以保持蛋白质的稳定性。

（3）在检测蛋白质相互作用的过程中，应该采用合适的对照实验，阴性对照组选用不含目的蛋白的空GST蛋白，以评估实验结果的准确性和可靠性。

（4）由于pull-down实验是在细胞外环境中进行的，相较于细胞内实验，细胞外环境的条件更为单一且不受细胞内其他因素的干扰。为了提高实验的成功率和阳性结果的获取率，在准备样品时适量增加使用量，有助于提高实验灵敏度，使得潜在的蛋白质相互作用更容易被检测出来。

（5）Agarose beads离心过程中转速不宜过高，否则会导致Agarose beads爆裂，影响结果。

【思考题】

（1）GST pull-down实验的优缺点是什么？

（2）GST pull-down实验中，哪种现象能证明蛋白与蛋白发生了相互作用？

（3）如何减少GST-pull down中的假阳性结果？

（向云　宋渊　黎红霞）

实验五 凝胶滞缓实验

【实验目的】

（1）了解探针的制备方法；

（2）掌握蛋白质的纯化方法；

（3）掌握检测蛋白质与DNA结合的原理和步骤。

【实验原理】

凝胶滞缓实验（electrophoretic mobility shift assay，EMSA），又称为DNA迁移率变动实验（DNA mobility shift assay），是体外DNA与蛋白质相互作用的一种特殊的凝胶电泳技术。凝胶电泳中DNA朝正极移动的距离与其分子量的对数成反比，而蛋白质与DNA结合后将增加其分子量，因此，在凝胶中的迁移作用受到阻滞，在特定电压和时间内朝正极移动的距离也就相应缩短。没有结合蛋白的DNA泳动快，与蛋白质形成复合物的DNA由于受到阻滞而泳动慢。凝胶阻滞迁移实验是一种研究DNA结合蛋白和其相关的DNA结合序列相互作用的技术，可用于定性和定量分析。这一技术最初用于研究DNA结合蛋白，目前已被用于研究RNA结合蛋白和特定的RNA序列的相互作用。

探针可以用同位素^{32}P标记，也可以用非同位素如地高辛或生物素等进行标记；根据研究的蛋白质不同，探针可以是双链，也可以是单链。实验中的蛋白质可以是纯化后的蛋白质，也可以是部分纯化的蛋白质或核细胞抽提液。通常利用纯化的蛋白质和标记好的DNA或者RNA探针一同孵育，在非变性的聚丙烯酰胺凝胶电泳上，分离复合物和非结合的探针，经过放射自显影或化学发光成像后，负对照组中会出现迁移距离远的自由探针的条带，而实验组中会出现迁移距离比自由探针慢的条带，表明研究的蛋白质与DNA或RNA存在相互作用。而竞争实验组中通常采用含蛋白结合序列的DNA或RNA片段和寡核苷酸片段（特异），以及其他非相关的片段（非特异），来确定DNA或RNA结合蛋白的特异性。在竞争的特异和非特异片段的存在下，可根据复合物的特点和强度来确定特异性结合。

图5-1是凝胶阻滞迁移实验原理示意图。

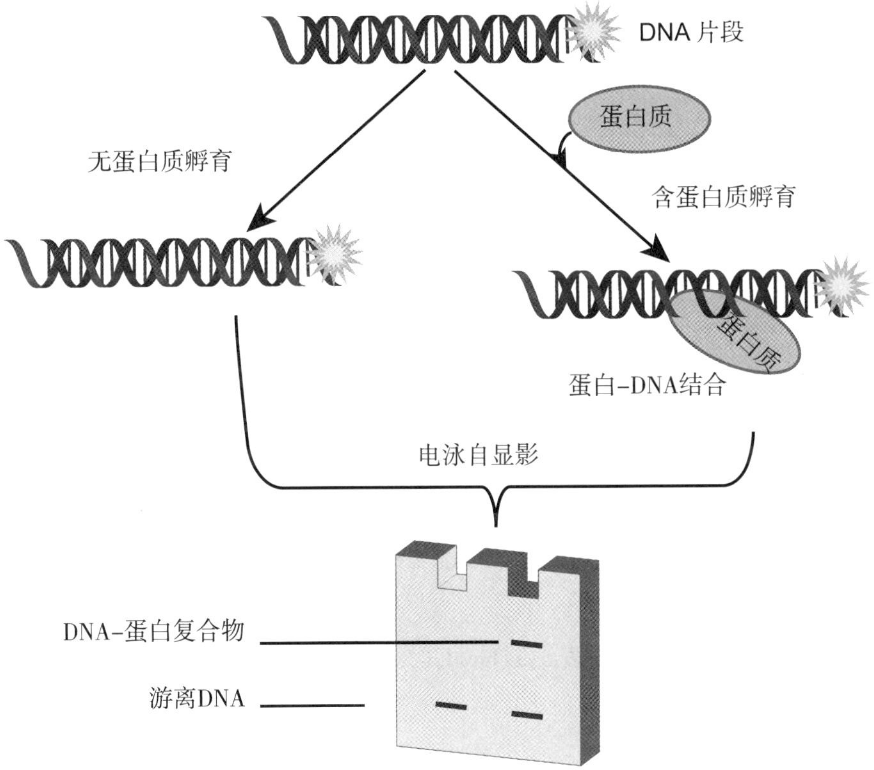

图5-1 凝胶阻滞迁移实验原理示意图

【实验流程】

图5-2是凝胶阻滞迁移实验流程图。

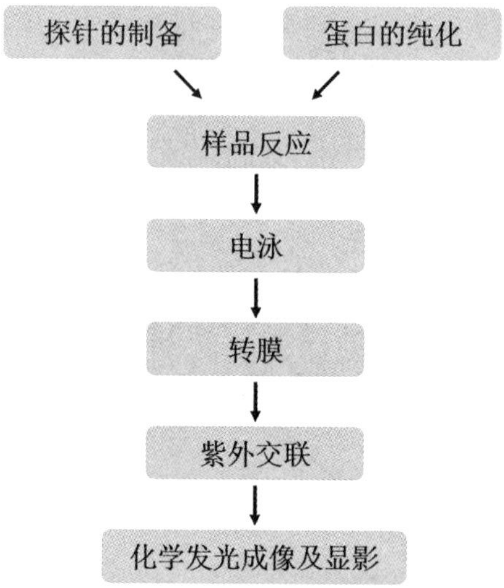

图5-2 凝胶阻滞迁移实验流程

【实验器材和试剂】

1. 实验仪器

电源、垂直电泳槽、蛋白湿转膜仪、小型水平摇床、超声破碎仪、紫外交联仪、化学发光成像仪、PCR仪、制冰机、紫外超净工作台。

2. 实验材料

大肠杆菌BL21，原核表达载体pET28a、pGEX-6P-1。

3. 实验试剂

3.1探针标记相关试剂

生物素（Psoralen-PEG3-Biotin），DMSO，3 mol/L KAc，70%乙醇。

3.2 纯化蛋白相关试剂

各母液配制如下：

（1）1 mol/L Tris-HCl pH 8.0

将121.1 g Tris溶于800 mL ddH_2O中，用浓HCl将pH调到8.0，定容

至1 L。

（2）5 mol/L NaCl

将292.2 g NaCl溶于800 mL ddH_2O中，定容至1 L。

（3）0.1 mol/L PMSF

将0.87 g PMSF溶于50 mL乙醇中，避光储存在-20 ℃中。

（4）1×TBS

50 mmol/L Tris-HCl、150 mmol/L NaCl，加入10 mL 1 mol/L Tris-HCl（pH 8.0）和6 mL 5 mol/L NaCl，定容至200 mL。

（5）100×protease inhibitor cocktail，EDTA free

取一片Roche protease cocktail，研成粉末溶于500 μL TBS中。

（6）10×PBS

称取NaCl 80 g、KCl 2 g、Na_2HPO_4 14.2 g、KH_2PO_4 2.7 g，加ddH_2O 800 mL，待搅拌均匀后定容至1 L。

3.3　蛋白与DNA结合相关试剂

各母液配制如下：

（1）1 mol/L Tris-HCl pH 8.0

用800 mL超纯水（ddH_2O）溶解121.1 g Tris，用HCl调节pH至8.0，然后再加超纯水定容至1,000 mL。

（2）2.5 mol/L KCl

将74.55 g KCl溶解至400 mL ddH_2O中。

（3）0.5 mol/L EDTA（pH 8.0）

将14.612 g EDTA溶解至100 mL ddH_2O中，用NaOH调节pH至8.0。

（4）20% TritonX-100

将2 mL TritonX-100加入8 mL ddH_2O中。

（5）Glycerol

（6）1 mol/L DTT

将1.5425 g DTT溶解至10 mL ddH_2O中。

工作液的配制如下：

（1）5× EMSA Binding Buffer（10 mL）

50 mmol/L Tris-HCl（pH 8.0）　500 μL 1 mol/L Tris-HCl（pH 8.0）

750 mmol/L KCl	3.0 mL 2.5 mol/L KCl
2.5 mmol/L EDTA	50 μL 0.2 mol/L EDTA（pH 8.0）
0.5% Triton-X 100	250 μL 20%Triton-X 100
62.5% Glycerol（v/v）	7.87 g or 6.25 mL Glycerol
1 mmol/L DTT	加100 mmol/L DTT（现用现加）

（2）5×Loading Buffer配制

60% 0.25×TBE Buffer	6 mL
40% Glycerol	4 mL
0.2% Bromphenol Blue（w/v）	
1 μg/μl Poly［d(I-C)］（用 ddH_2O 溶解）	

【实验步骤】

1. 探针标记

（1）PCR扩增*FHY1*的启动子，切胶回收后用 ddH_2O 或者TE（10 mmol/L Tris，1 mmol/L EDTA，pH 7.4）溶解使其浓度至20～100 μg/mL；

（2）用DMF或者DMSO溶解生物素（Psoralen-PEG3-Biotin）使其浓度至20 mmol/L（～1.38 mg/100 μL）；

（3）将DNA和生物素混合，其中生物素（Psoralen-PEG3-Biotin）的浓度约为200 μmol/L；

（4）将反应体系放在紫外灯下照射约30 min（样品置于冰上）；

（5）反应结束后，用3 mol/L KAc和2倍体系的乙醇-80 ℃沉淀样品，13,000 r/min，4 ℃离心10 min后，去上清保留沉淀，用70%乙醇清洗后，吸干乙醇，干燥20～30 min，用水溶解探针备用。

2. 纯化GST-HY5蛋白

参照实验四。

3. 蛋白质与DNA结合

3.1 反应体系

Purificaiton Protein	0.5 μg	0.5 μg	0
5× EMSA Binding Buffer	4 μL	4 μL	2 μL

Poly d（I-C）（1 ug/uL）	1 μL	1 μL	1 μL（可变）
Poly-L-Lysine（0.1 ug/uL）	1 μL	1 μL	1 μL
Biotin Labled Probe 1 ng/uL	1 μL	1 μL	1 μL
Unlabled Probe 100 ng/uL	0	1 μL	0（150*～200*）
Add ddH_2O			To 20 μL

将反应体系加好后于15～25 ℃反应20 min（竞争性的蛋白质与探针结合15 min后再加入标记的探针）。

3.2　制备5%非变性凝胶（15 mL）

30% acrylamide（29∶1）stock solution	2.5 mL
0.5×TBE buffer	12.5 mL
TEMED	12 μL
10% AP	150 μL

混匀后加入制胶器，插入梳子后静置1 h。

3.3　电泳

（1）将样品加入上样孔后，加入冰袋，100 V恒压电泳60 min；

（2）待溴酚蓝刚好跑出凝胶时停止电泳（溴酚蓝的大小相当于65 bp的DNA）。

3.4　转膜和交联

（1）转膜

将凝胶上的样品转移至硝酸纤维素膜（H-bond），从负极到正极的顺序依次是黑色底架-海绵-滤纸-凝胶-膜-滤纸-海绵-白色底架，4 ℃，100 mA，60 min。

（2）交联

转膜结束后，利用254 nm的紫外灯照射15 min，紫外灯与膜的距离保持在5 cm。

3.5　化学显色

（1）用37～50 ℃的水浴溶解Blocking Buffer和4×Wash Buffer。

（2）取10 mL Blocking Buffer加入10 cm×10 cm方皿中，孵育硝酸纤维素膜约15 min，轻轻摇匀。

（3）弃掉封闭液，另取33.3 μL Stabilized Streptavidin-Horseradish Peroxidase Conjugate，加入10 mL Blocking Buffer混匀（1∶300），加入至硝酸纤维素膜孵育15min，轻轻摇匀。

（4）取10 mL 4×Wash Buffer，加入30 mL ddH_2O混匀制备1×wash solution。

（5）孵育结束后，弃去孵育液，用1× wash solution洗涤膜4次，每次洗涤使用10 mL，轻摇5 min。

（6）洗涤结束后，将膜转移至干净的方皿，加入10 mL平衡液（Substrate Equilibration Buffer），摇匀5 min。

（7）制备显色液，在2 mL EP管中加入1 mL Luminol/Enhancer Solution和1mL Stable Peroxide Solution（避光保存）。

（8）弃去平衡液，将制备好的显色液加入膜表面孵育5 min后，将膜置于化学发光成像仪进行成像。

【实验结果】

由图5-3可知，凝胶阻滞迁移实验表明，GST-HY5与*FHY1*的启动子结合。

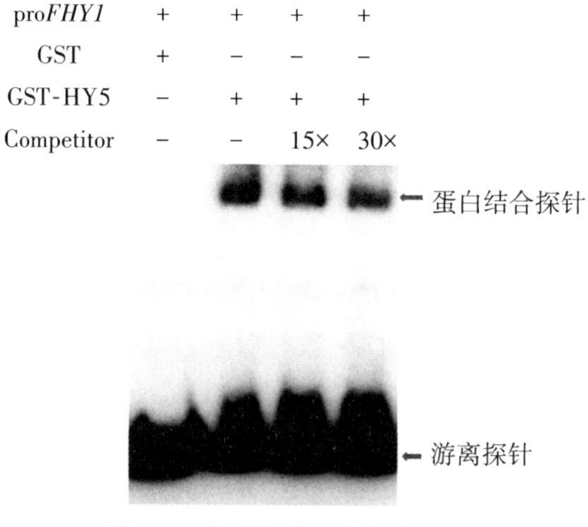

图5-3　凝胶阻滞迁移实验结果

【注意事项】

（1）通常将纯化的蛋白和细胞粗提液与标记的DNA或RNA探针一同保温，在非变性的聚丙烯凝胶电泳上，分离复合物和非结合的探针。

（2）DNA-复合物或RNA-复合物比未结合的探针移动得慢。

（3）当检测如转录调控因子一类的DNA结合蛋白时，可用纯化蛋白、部分纯化蛋白或核细胞抽提液。

（4）在检测RNA结合蛋白时，依据目的RNA结合蛋白的位置，可用纯化或部分纯化的蛋白，也可用核或胞质的细胞抽提液。

（5）竞争实验中采用含蛋白结合序列的DNA或RNA片段和寡核苷酸片段（特异），以及其他非相关的片段（非特异），来确定DNA或RNA结合蛋白的特异性。在竞争的特异和非特异片段的存在下，依据复合物的特点和强度来确定特异性结合。

【思考题】

（1）标记探针的方法有哪些?

（2）显色检测的是蛋白质还是DNA?

（3）凝胶阻滞迁移实验中，哪个现象能证明蛋白质与DNA结合了？检测蛋白质与DNA结合的方法有哪些?

（林芳　原佳乐　曹婧）

实验六　酵母单杂交实验

【实验目的】

（1）了解载体的构建方法；

（2）掌握酵母显色的原理；

（3）掌握酵母细胞中蛋白质与DNA结合的原理和步骤。

【实验原理】

酵母单杂交系统（Yeast one-hybrid system，Y1H）是在酵母细胞内研究真核生物中DNA-蛋白质之间的相互作用，并通过筛选DNA文库直接获得靶序列相互作用蛋白的技术，也是分析鉴定细胞中转录调控因子与顺式作用元件相互作用的有效方法。

将已知（目的）顺式作用元件构建到最基本启动子（minimal promoter，Pmin）的上游，把报告基因连接到Pmin下游。将此载体转入酵母，筛选重组细胞作为受体细胞。将待测转录因子cDNA编码序列与已知酵母转录激活结构域（transcription-activating domain，AD）融合表达载体导入酵母细胞（受体细胞）中，如果该基因产物能够与顺式作用元件相结合，就能激活Pmin启动子，使报告基因得到表达。

酵母单杂交实验可用于确定某个DNA分子与某个蛋白质之间是否存在相互作用；分离编码结合于特定顺式作用元件或其他DNA位点的功能蛋白的编码基因；验证反式转录调控因子的DNA结合结构域，以及准确定位参与特定蛋白质结合的核酸序列。

酵母单杂交实验简单易行，无须分离纯化蛋白质；由于酵母属于真核生物，杂交体系检测到的与DNA结合的蛋白质是处于自然构象，克服了体外研究时蛋白质通常处于非自然构象的缺点，因而灵敏度很高。

转录调控因子与顺式作用元件结合，激活最基本启动子Pmin，使报告基因表达。若接入3个以上顺式作用元件，可增强转录因子的识别，并提高结合效率。

图6-1是酵母单杂交实验原理示意图。

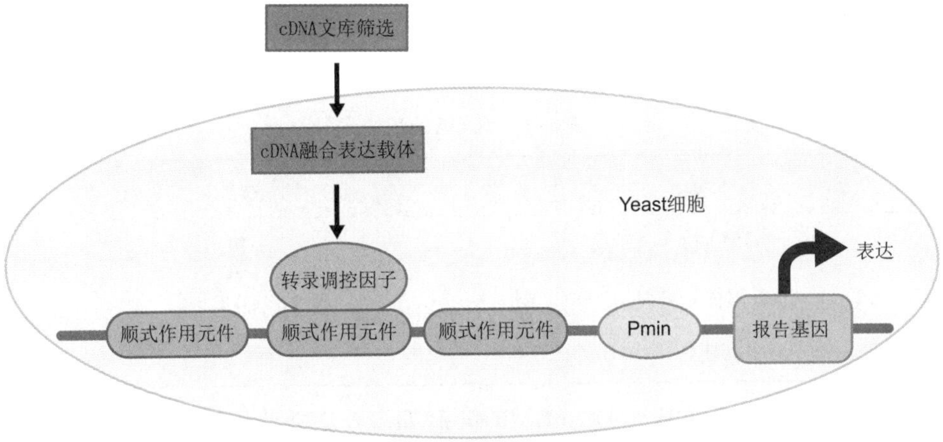

图6-1　酵母单杂交实验原理示意图

【实验流程】

图6-2是酵母单杂交实验流程。

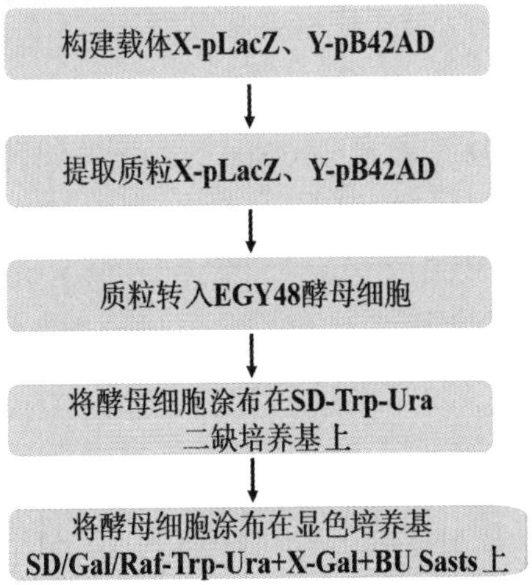

图6-2　酵母单杂交实验流程

【实验器材和试剂】

1. 实验仪器

恒温摇床、PCR仪、制冰机、紫外超净工作台。

2. 实验材料

酵母菌EGY48、载体pLacZ2μ、载体pB42AD。

3. 实验试剂

（1）YPDA（500 mL）的配制如表6-1所示。

表6-1 YPDA的配制

成分	含量
YPDA粉末	一包
Agar(固体培养基)	10 g
ddH_2O	500 mL

（2）TU固体培养基（100 mL）的配制如表6-2所示。

表6-2 TU固体培养基的配制

成分	含量
Minimal SD Agar Base	4.67 g
SD-Trp /Ura	0.127 g
ddH_2O	100 mL

（3）TU+X-Gal固体培养基（100 mL）的配制如表6-3所示。

表6-3 TU+X-Gal固体培养基的配制

成分	含量
Minimal SD Agar Base Gal/Raf	5.4 g
SD-Trp/Ura	0.127 g
ddH_2O	90 mL

用NaOH调节pH至5.6，灭菌后加入10 mL 10×BU Salts，400 μL 20 mg/mL X-Gal。

（4）PEG溶液、10×LiAc溶液、Carrier DNA。

【实验步骤】

1. 酵母感受态细胞的制备

（1）活化菌种：将-80 ℃保存的菌种在固体YPDA培养基上划线，置于30 ℃倒置培养2～4 d（注：pLexA系统酵母单杂交-EGY48，GAL4系统酵母单杂交-AH109）。

（2）接种：挑取酵母单菌落接种到5～7 mL液体YPDA培养基中，30 ℃、250 r/min过夜培养。

（3）转接：将菌液转接到含有30 mL液体YPDA培养基的三角瓶中，使OD_{600}到0.2～0.35范围内。30 ℃、250 r/min继续培养2.5～3 h后，测定OD_{600}至0.6～0.75范围内（注：转接体积视反应个数而定，30 mL为10个反应，以此计算转接的液体YPDA培养基体积）。

（4）收菌：1,000 *g*、5 min，室温离心，弃上清。

（5）沉淀用40 mL无菌的ddH_2O悬浮，1,000 *g*、5 min，室温离心，弃上清，置于冰上。

（6）沉淀用合适体积的1/10浓度的LiAc悬浮（30 mL的酵母菌最多用1 mL的1/10浓度的LiAc悬浮，通常100 μL的酵母细胞用于转化一个反应）。

注：1 mL 1/10浓度LiAc=100 μL LiAc Solution+900 μL无菌ddH_2O。

（7）先把酵母细胞的悬浮液转移到1.5 mL的离心管中，之后将其每管100 μL分装，用于转化一个反应。1,000 *g*、5 min，室温离心，弃上清，将制备好的感受态细胞储存备用。

2. 酵母转化

（1）配制预混液：每转化一个反应需要360 μL的预混液，如表6-4所示。

表6-4　酵母转化预混液的配制

成分	体积
50%PEG Solution	240 μL
10×LiAc Solution	36 μL

续表6-4

成分	体积
Carrier DNA	10 μL
HY5-pB42AD质粒（100 ng/μL）	5 μL（根据质粒浓度加入相应的体积）
*FHY1*pro-pLacZ质粒（100 ng/μL）	5 μL（根据质粒浓度加入相应的体积）
ddH_2O	54 μL（根据质粒体积加入相应的体积）
总体积	360 μL

注：Carrier DNA解冻后100 ℃加热5 min，之后立即置于冰上，待其冷却后再使用。

（2）先把质粒单独加入感受态细胞中，之后每管加入350 μL预混液。将其置于涡旋仪上充分混匀，使离心管底的酵母细胞彻底悬浮于预混液中。

（3）30 ℃、200 r/min，培养30 min，之后在42 ℃水浴锅中热击30 min，每10 min混匀一次。

（4）12,000 r/min，室温离心，弃上清。

（5）加入100 μL无菌ddH_2O重悬菌体，将其涂布于相应的固体培养基上，30 ℃倒置培养3 d（注：pLexA系统酵母单杂交-TU固体培养基，GAL4系统酵母双杂交-LT固体培养基）。

3. 显色反应（pLexA系统酵母单杂交）

挑取合适大小和数目的菌落，均匀涂布于TU+X-Gal（酵母单杂交）固体培养基上，30 ℃培养，持续观察其显色情况，结果如图6-3所示。

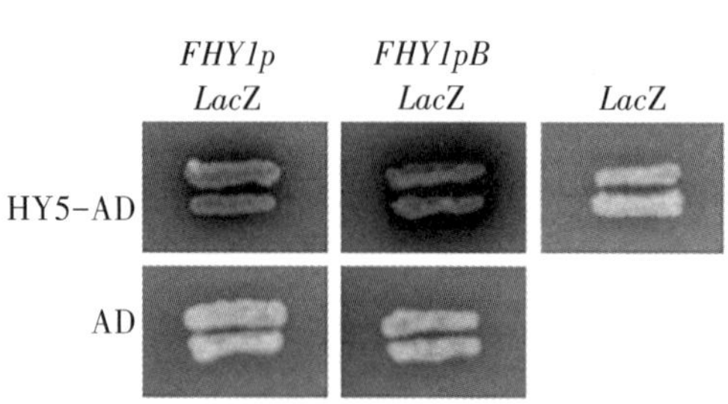

图6-3 酵母单杂交实验结果

【注意事项】

（1）ATG前面的-200到0区间含有大量的基础启动元件，容易引发自激活效应。在设计实验时，应考虑这一因素的影响，以减少实验误差。

（2）质粒转入酵母后，需涂布于SD/-Trp-Ura选择培养基上筛选单克隆；单克隆长出后再涂布于SD/Gal/Raf-Trp-Ura+X-Gal+BU Salts显色培养基上进行显色。

（3）实验过程中，注意设置合适的阴性对照。

【思考题】

（1）在Gal4系统中如何进行酵母单杂交实验？

（2）酵母单杂交实验的报告基因是什么？显色的原理是什么？

（3）酵母单杂交实验与酵母双杂交实验的异同点是什么？

（林芳　曹婧　原佳乐）

实验七　染色质免疫共沉淀

【实验目的】

（1）检测特定蛋白质与DNA的结合情况；

（2）鉴定蛋白质在基因组中的结合位点；

（3）研究蛋白质对基因表达的调控作用。

【实验原理】

染色质免疫共沉淀（chromatin immunoprecipitation，ChIP）实验基于特异性抗体识别目标蛋白质与DNA形成的复合物的原理。首先，使用甲醛或其他交联剂固定（交联）细胞内的蛋白质和DNA相互作用，然后将染色质碎裂成适当大小的片段。通过特异性抗体结合目标蛋白质和DNA复合物，并利用磁珠或蛋白A/G柱吸附抗体-蛋白质和DNA复合物，通过一系列洗涤步骤去除非特异性结合或未结合的成分。最后，解除交联并提取纯化的DNA，通过qPCR等方法分析目标序列的富集情况，进而推断蛋白质与特定DNA序列的结合关系。

图7-1是染色质免疫共沉淀实验原理示意图。

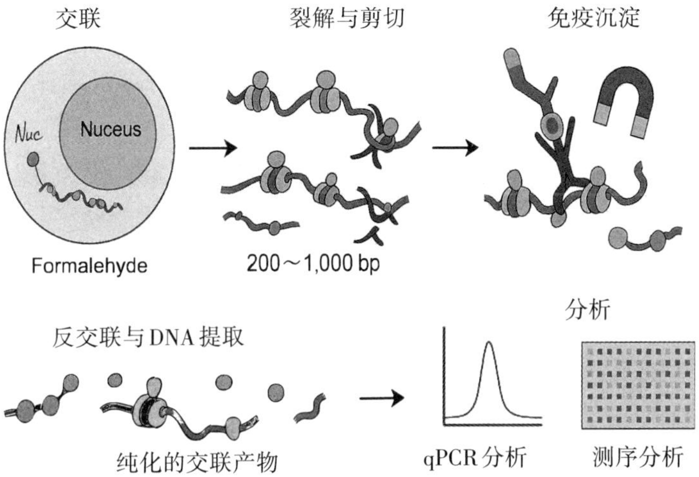

图7-1　染色质免疫共沉淀实验原理示意图

【实验流程】

图7-2是染色质免疫共沉淀实验流程。

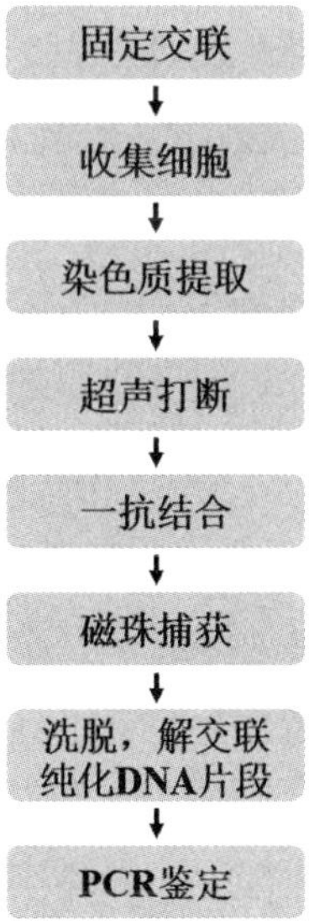

图7-2　染色质免疫共沉淀实验流程

【实验器材和试剂】

1. 实验仪器

微量移液器（10 μL、100 μL、1 mL），恒温水浴锅，磁力架，低温恒温摇床，超声破碎仪，实时荧光定量PCR仪，高速冷冻离心机。

2. 实验材料

植物组织。

3. 实验试剂

（1）M1缓冲液：10 mmol/L 磷酸缓冲液（pH 7.2），0.1 mol/L NaCl，10 mmol/L β-巯基乙醇，1 mol/L 戊二醇，0.1 mmol/L PMSF，1× 蛋白酶抑制剂，现配现用。

（2）甲醛。

（3）甘氨酸。

（4）M2缓冲液：10 mmol/L 磷酸缓冲液（pH 7.2），0.1 mol/L NaCl，10 mmol/L β-巯基乙醇，1 mol/L 戊二醇，10 mmol/L $MgCl_2$，0.5% Triton X-100，0.1 mmol/LPMSF，1× 蛋白酶抑制剂，现配现用。

（5）M3缓冲液：10 mmol/L 磷酸缓冲液（pH 7.2），0.1 mol/L NaCl，10 mmol/L β-巯基乙醇，0.1 mmol/L PMSF，1× 蛋白酶抑制剂，现配现用。

（6）核裂解缓冲液：50 mmol/L Tris-HCl（pH 8.0），10 mmol/L EDTA，1% SDS，0.1 mmol/L PMSF，2× 蛋白酶抑制剂，现配现用。

（7）ChIP 稀释缓冲液：1.1% Triton X-100，1.2 mmol/L EDTA，16.7 mmol/L Tris-HCl（pH 8.0），167 mmol/L NaCl，0.1 mmol/L PMSF，1× 蛋白酶抑制剂。

（8）Protein-A/G（根据目的蛋白的抗体亚型进行选择）。

（9）抗体（目的蛋白抗体，同型对照IgG抗体）。

（10）Low salt wash buffer：150 mmol/L NaCl，0.1% SDS，1% Triton X-100，2 mmol/L EDTA，20 mmol/L Tris-HCl（pH 8.0）。

（11）High salt wash buffer：500 mmol/L NaCl，0.1% SDS，1% Triton X-100，2 mmol/L EDTA，20 mmol/L Tris-HCl（pH 8.0）。

（12）LiCl wash buffer：0.25 mol/L LiCl，1%脱氧胆酸钠，1 mmol/L EDTA，10 mmol/L Tris-HCl（pH 8.0）。

（13）TE buffer：1 mmol/L EDTA，10 mmol/L Tris-HCl（pH 8.0）。

（14）ChIP洗脱缓冲液：100 μL 10% SDS，100 μL 1 mol/L $NaHCO_3$，800 μL ddH_2O，共1 mL。

（15）蛋白水解缓冲液（每个样品31.5 μL）：20 μL 1 mol/L Tris-HCl（pH 6.8），10 μL 0.5 mol/L EDTA，1.5 μL 20 mg/mL蛋白酶K。

（16）RNase A（Roche）。

（17）苯酚。

（18）氯仿。

（19）异戊醇。

（20）糖原助沉剂。

（21）蛋白酶K（Life Technologies）。

（22）Glycogen（Roche）。

【实验步骤】

1. 甲醛交联与超声破碎

（1）取约1 g的实验材料，在液氮中将材料充分研磨，加入预冷后装有35 mL M1缓冲液的50 mL离心管中，旋涡振荡混匀。

（2）加入972 μL 37%的甲醛（使甲醛终浓度为1%），4 ℃缓慢旋转孵育10 min（时间可以根据样品特性适当调整）。

（3）加入2.4 mL 2 mol/L甘氨酸溶液（终浓度为0.125 $mol\cdot L^{-1}$），终止交联反应，4 ℃缓慢旋转孵育10 min。

（4）准备4层滤布，用双蒸水润洗后将溶液过滤至新的50 mL离心管中。4 ℃下，1,000 *g*离心20 min，弃上清。

（5）用20 mL M2缓冲液重悬沉淀，缓慢吹吸，避免产生气泡。4 ℃下，1,000 *g*离心20 min，弃上清。

（6）重复以上步骤，用M2缓冲液再洗1次。

（7）用8 mL M3缓冲液重悬沉淀，4 ℃下，1,000 *g*离心10 min，用移液枪尽量去除上清。

（8）加1 mL核裂解缓冲液重悬沉淀，转移至2个1.5 mL离心管中。

（9）超声破碎：VCX750，25%功率，4.5 s冲击，9S间隙。共14次，使DNA断裂片段弥散带在200～1,000 bp之间，集中富集在200～500 bp（第一次实验前可以加入8 μL 5 mol/L NaCl，65 ℃水浴4 h解交联，然后提取DNA进行电泳检测，以获得最适的超声破碎条件）。

（10）4 ℃下，16,000 *g*离心15 min，合并两管上清（约1 mL）至新的1.5 mL离心管中。

（11）取100 μL作为Input对照组，置于-20 ℃冰箱暂存。

（12）剩余样品用ChIP稀释缓冲液稀释3～5倍。

2.除杂及抗体哺育

（1）取100 μL Protein A/G Dynabeads，1 mL ChIP稀释缓冲液清洗3次后，用100 μL ChIP稀释缓冲液重悬磁珠，加入稀释后的样品中，于4 ℃缓慢旋转，预杂交染色质1 h。

（2）将样品置于磁力架上，转移上清至新的离心管中，加入1 μg抗体，于4 ℃缓慢旋转，孵育过夜。

（3）加入100 μL用同样方法清洗后的磁珠，于4 ℃缓慢旋转孵育1 h。

（4）将样品置于磁力架上，弃上清，依次用下列溶液清洗沉淀复合物。清洗的步骤：加入溶液，在4 ℃颠转10 min，4 ℃静置10 min沉淀，700 r/min离心1 min，除去上清。洗涤溶液：

a. low salt wash buffer——one wash

b. high salt wash buffer——one wash

c. LiCl wash buffer——one wash

d. TE buffer——two wash

（5）清洗结束后，用移液枪尽量去除上清，再加入250 μL ChIP洗脱缓冲液。

（6）取出Input对照组，加入150 μL ChIP洗脱缓冲液，总体积为250 μL，与实验组样品同时进行后续步骤。

（7）将样品和Input对照组分别于65 ℃孵育15 min，然后将样品置于磁力架上，转移上清至新的离心管中。

（8）再加入250 μL ChIP洗脱缓冲液，重复洗脱1次，将2次洗脱液合并，体积约为500 μL。

（9）解交联：在每管分别加入20 μL 5 mol/L NaCl（NaCl终浓度为0.2 mmol/L），65 ℃解交联至少6 h（过夜更优），解交联后可置于-20 ℃冰箱暂存。

3.DNA样品回收

（1）取出样品放至室温；每管加入31.5 μL蛋白水解缓冲液，45 ℃孵育1 h；加入20 μg RNase A，37 ℃孵育30 min。

（2）加入等体积苯酚、氯仿、异戊醇混合物（25：24：1）抽提，16,000 *g*离心5 min。

（3）取上清液，按照1：100体积比加入20 mg/mL糖原助沉剂，混匀，然后按照1：10体积比加入3 mol/L NaAc（pH5.2），混匀，最后加入1 mL无水乙醇，-20 ℃沉淀3 h。

（4）4 ℃下，16,000 *g*离心20 min。用70%乙醇洗涤2次。

（5）弃上清，待乙醇完全挥发后，加入100 μL双蒸水，充分混匀，即为目的DNA。

4.分析

可进行PCR、Q-PCR、ChIP-seq组学分析等。

【实验结果】

图7-3是染色质免疫共沉淀实验结果。由图可知，BEE3结合*SnRK2.5*和*CPD*启动子[1]。

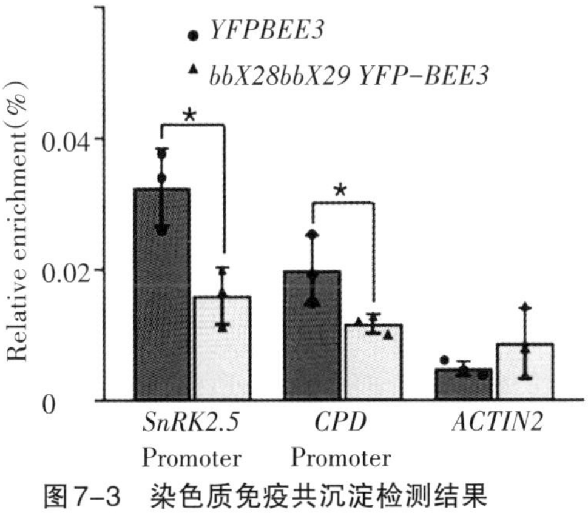

图7-3　染色质免疫共沉淀检测结果

【注意事项】

（1）进行一次标准的ChIP，每一个实验组需要分别设置目的蛋白管、Input样品管、阴性对照管和阳性对照管。Input管：每个实验组分出的Input样品作为组内参照DNA，要与经过不同ChIP抗体免疫沉淀后捕获的对应DNA样本一起完成解交联和DNA纯化后，通过测定进行比较，计算ChIP沉淀的效率。阴性对照管：一般可以取与ChIP缓冲液稀释后的目的蛋白管相同含量的染色质作为阴性对照管样本，然后加入正常同型IgG抗体。阳性对照管：一般可以取与ChIP缓冲液稀释后的目的蛋白管相同含量的染色质作为阳性对照管样本，然后加入与目的蛋白的ChIP抗体量相同的H3组蛋白抗体或者RNA polymerase Ⅱ抗体，进行后续沉淀反应。阳性对照管选择的抗体，常常在整个染色质结合位点丰富，用于检测实验操作是否正确，对于初次进行ChIP实验的操作者推荐使用。

（2）细胞的生长状态要好，一般细胞长到75%～80%比较好。

（3）选择IP级别的抗体，尽量买大厂的抗体。单抗与多抗的选择需要仔细考虑。单抗特异性强、背景低，但是单抗识别位点单一，而在ChIP甲醛交联的过程中，该位点很可能被其他蛋白或核酸结合而封闭，导致单抗不能识别靶蛋白。多抗特异性较差，背景值可能会偏高。如果没有十足的把握（单抗的识别位点远离靶蛋白与核酸结合的区域），选择多抗较稳妥。

（4）免疫沉淀时建议使用ProteinA/G混合型磁珠。

（5）样品中SDS含量较高，用普通的PCR产物回收试剂盒回收很有可能会在最终的样品中混入SDS，影响PCR实验结果。在样品中加入一定量的异丙醇，能有效地消除SDS沉淀。

（6）过度的交联会导致超声波难以破碎，也有可能造成蛋白质与DNA的间接结合。

【思考题】

（1）为什么需要对染色质进行剪切？超声打断法与酶解法有何本质区别？

（2）为什么要在染色质剪切前使用甲醛交联？交联的作用是什么？

（3）如果染色质剪切不理想（过碎或不够碎），如何调整？

（4）什么是“非特异性结合”？如何在实验设计中尽量排除？

（5）如何验证抗体的特异性与ChIP有效性？是否需要做ChIP-qPCR阳性/阴性位点验证？

（6）要验证一个转录因子是否结合了某启动子区，如何设计ChIP-PCR实验？

（宋渊　姚思渊）

实验八　RNA结合蛋白免疫沉淀实验

【实验目的】

（1）学习掌握RNA结合蛋白免疫沉淀技术的基本实验流程；

（2）了解蛋白质和RNA相互作用在生物学研究中的重要性。

【实验原理】

RNA免疫沉淀（RNA immunoprecipitation，RIP）是一种基于抗原抗体之间的特异性相互作用来鉴定与目标RNA结合蛋白相互作用的RNA分子的实验技术。通过分析这些RNA分子，可以确定特定蛋白质与RNA分子之间的相互作用，并进一步通过其他实验揭示其在RNA合成、加工或降解中的作用。这项技术对于理解RNA调控机制以及揭示RNA-蛋白质相互作用具有重要意义。

RIP实验的基本原理是利用抗体的特异性结合来沉淀出与特定蛋白质相互作用的RNA分子。首先，细胞或组织样品会被交联，这有助于固定RNA和蛋白质的相互作用。接着，细胞被裂解以使蛋白质和RNA能够从细胞释放到裂解液中。在适当的条件下，加入针对目标蛋白质的特异性抗体。这些抗体能够选择性地结合目标蛋白质，而目标蛋白质结合的RNA会在此过程中被一起沉淀下来。通过洗涤去除非特异性结合物质后，可通过消化蛋白质或直接提取RNA，随后对RNA进行进一步的分析，如逆转录PCR（RT-PCR）、测序等。

RIP技术在分子生物学研究中被广泛应用。研究者可从潜在的RNA结合蛋白出发，解析其在RNA合成、加工、修饰或降解等过程中的作用，并进一步揭示其与靶RNA在细胞内的功能关系及相互依赖性。在疾病研究中，RIP可用于比较正常状态与病理状态下RNA-蛋白质相互作用的差异，识别与疾病进程相关的关键分子，为机制研究和靶点筛选提供依据，尤其适用于挖掘通过调控RNA-蛋白质相互作用发挥治疗作用的潜在靶标。总体而言，RIP作为研究RNA-蛋白质相互作用的有力工具，有助于深入理解基因表达调控机制，以推动对生物学过程与疾病机制的系统探索，具有重要的科研价值与应用前景。

本实验以已报道的哺乳动物细胞中CyclinT1蛋白质与7SK RNA的相互作用为例，介绍RIP的具体实验流程及注意事项。

图8-1是RNA免疫沉淀实验原理示意图[2]。

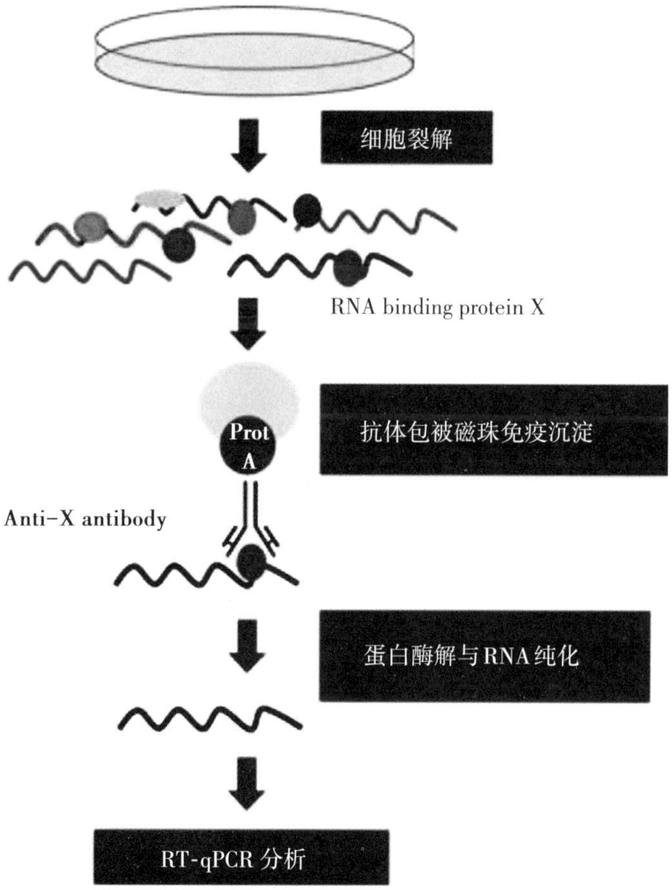

图8-1　RNA免疫沉淀实验原理示意图

【实验流程】

图8-2是RNA免疫沉淀实验流程。

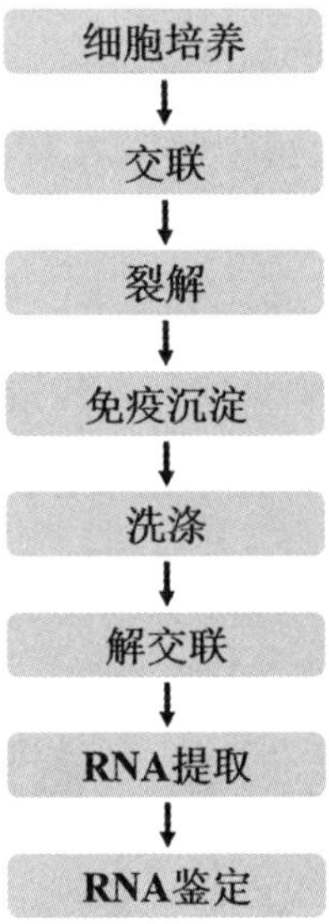

图8-2　RNA免疫沉淀实验流程

【实验器材和试剂】

1. 实验器材

超净工作台、高温高压灭菌器、倒置相差显微镜、CO_2恒温细胞培养箱、平转子离心机、水浴锅、电子天平、pH计、无酶1.5 mL离心管、无酶15 mL离心管、无酶50 mL离心管、10 μL吸头、200 μL吸头、1 mL吸头、超声细胞破碎仪、磁力架、超微量分光光度计、实时定量PCR仪。

2. 实验材料

HEK293T细胞（中国科学院细胞库，SCSP-502）。

3. 实验试剂

3.1　哺乳动物细胞培养相关试剂

DMEM（dulbecco's modified eagle medium）高糖培养基；新生胎牛血

清；0.25% 胰蛋白酶消化液。

3.2　RIP相关试剂

3.2.1　母液配制

（1）1 mol/L Tris-HCl（pH 7.5）

将12.11 g Tris溶于80 mL无酶ddH_2O中，用浓盐酸将pH调至7.5，定容至100 mL。

（2）1 mol/L Tris-HCl（pH 8.0）

将12.11 g Tris溶于80 mL无酶ddH_2O中，用浓盐酸将pH调至8.0，定容至100 mL。

（3）5 mol/L NaCl

将29.22 g NaCl溶于80 mL无酶ddH_2O中，定容至100 mL。

（4）0.5 mol/L EDTA

取14.61 g EDTA溶于80 mL无酶ddH_2O中，用1 mol/L NaOH将pH调至8.0左右至EDTA全部溶解，定容至100 mL。

（5）10% NP-40

将5 mL NP-40与45 mL无酶ddH_2O混合，涡旋振荡混匀。

（6）10% Na Deoxycholate

将10 g Na Deoxycholate溶于80 mL无酶ddH_2O中，定容至100 mL。

（7）10% SDS

将10 g SDS溶于80 mL无酶ddH_2O中，定容至100 mL。

（8）100 mmol/L DTT

将1.543 g DTT溶于100 mL无酶ddH_2O中，避光储存于-20 ℃。

（9）100 mmol/L PMSF

将0.87 g NaCl溶于50 mL无水乙醇中，避光储存于-20 ℃。

3.2.2　工作液配制

（1）细胞裂解液（RIPA buffer）的配制如表8-1所示。

表8-1 细胞裂解液的配制

终浓度	母液浓度	加入母液的体积(mL)
50 mmol/L Tris-HCl（pH7.5）	1 mol/L	0.5
300 mmol/L NaCl	5 mol/L	0.6
1 mmol/L EDTA	0.5 mol/L	0.02
1% NP-40	10%	1
0.5% Na Deoxycholate	10%	0.5
0.1% SDS	10%	0.1
1 mmol/L DTT	1 mol/L	0.01
Complete protease inhibitor		2片
1 mmol/L PMSF	100 mmol/L	0.1
无酶 ddH_2O		7.17

（2）低盐洗涤液（wash buffer-low salt）的配制如表8-2所示。

表8-2 低盐洗涤液的配制

终浓度	母液浓度	加入母液的体积(mL)
50 mmol/L Tris-HCl（pH7.5）	1 mol/L	2.5
300 mmol/L NaCl	5 mol/L	3
1 mmol/L EDTA	0.5 mol/L	0.1
1% NP-40	10%	5
0.5% Na Deoxycholate	10%	2.5
0.1% SDS	10%	0.5
无酶 ddH_2O		36.4

（3）高盐洗涤液（wash buffer-high salt）的配制如表8-3所示。

表8-3 高盐洗涤液的配制

终浓度	母液浓度	加入母液的体积(mL)
50 mmol/L Tris-HCl（pH7.5）	1 mol/L	1.5
600 mmol/L NaCl	5 mol/L	3.6
1 mmol/L EDTA	0.5 mol/L	0.06
1% NP-40	10%	3
0.5% Na Deoxycholate	10%	1.5
0.1% SDS	10%	0.3
无酶 ddH_2O		20.04

（4）TE缓冲液的配制如表8-4所示。

表8-4 TE缓冲液的配制

终浓度	母液浓度	加入母液的体积(mL)
10 mmol/L Tris-HCl（pH8.0）	1 mol/L	0.2
1 mmol/L EDTA	0.5 mol/L	0.04
无酶 ddH_2O		19.76

（5）洗脱液的配制如表8-5所示。

表8-5 洗脱液的配制

终浓度	母液浓度	加入母液的体积(mL)
50 mmol/L Tris-HCl（pH8.5）	1 mol/L	0.15
10 mmol/L EDTA	0.5 mol/L	0.06
1% SDS	10%	0.3
无酶 ddH_2O		2.49

（6）PBS（磷酸缓冲液）的配制如表8-6所示。

表8-6 PBS的配制

成分	含量
NaCl	8 g
KCl	0.2 g
$Na_2HPO_4 \cdot 12H_2O$	3.63 g
KH_2PO_4	0.24 g
无酶 ddH_2O	加至 1 L

配制好的PBS分装入50 mL离心管内（无酶），保存在4 ℃待用。

（7）0.4% 的BSA溶液

称取0.04 g BSA溶解于10 mL无酶 ddH_2O 中，保存在-20 ℃待用。

3.2.3 其他试剂

Protein A/G磁珠，无酶 ddH_2O，重组 Proteinase K（20 mg/mL），Total RNA Extractor（Trizol）试剂，DNase I（RNase-free），CyclinT1抗体，兔IgG，Hifair® Ⅲ 1st Strand cDNA Synthesis SuperMix for qPCR（gDNA digester plus），2×SYBR Green qPCR Master Mix。

【实验步骤】

1. 交联

（1）提前准备生长状态良好的HEK293T细胞，待细胞覆盖度到80%左右时进行实验。每个样品需要2个10 cm培养皿的细胞，本次实验有2个样品，故共需要4个10 cm培养皿的细胞。

（2）从 CO_2 培养箱中取出细胞，吸弃一部分培养皿中的培养基，至每个10 cm的培养皿中有10 mL培养基，在含有10 mL培养基的培养皿中加入250 μL的饱和甲醛水溶液（甲醛终浓度约为1%），在室温下交联10 min。

（3）每皿中加入3 mL的1 mol/L甘氨酸（终浓度为0.125 mol/L），在室温下放置10 min终止交联。

（4）用冷的PBS洗细胞两次，用细胞刮将细胞全部刮下，转移至预冷过的50 mL离心管中，4 ℃，2,000 *g*，离心5 min。

2. 裂解

（1）吸弃PBS，细胞沉淀用RIPA buffer重悬（每个10 cm皿的细胞用500 μL，4个皿共用2 mL），重悬后的细胞悬液用超声细胞破碎仪进行超声裂解。裂解条件为80 W，10 s开，20 s关，总时间为5 min。

（2）15,000 r/min离心15 min。将上清全部转移到无酶15 mL离心管中（总体积约为2 mL），取一只新的无酶1.5 mL离心管，取20 μL上述上清液并放在−80 ℃作为Input备用，剩余的约2 mL裂解产物放在4 ℃，用于后续实验。

3. 免疫沉淀

（1）取100 μL的ProteinA/G磁珠至无酶1.5 mL离心管中，加入500 μL 0.4%的BSA溶液，室温翻转孵育2 h进行封闭。

（2）将磁珠置于磁力架2 min，吸弃液体，向磁珠中加入RIPA buffer，室温翻转孵育10 min。

（3）重复第（2）步一次。

（4）将磁珠均分为2份至两个无酶1.5 mL离心管中，置于磁力架2 min，吸干液体，并立即将第2步的裂解产物均分，分别加入两个离心管中并放在冰上。在两个离心管中分别加入IgG（2 μg）和CyclinT1抗体（2 μg），将裂解液、磁珠和抗体的混合液在4 ℃旋转孵育12 h。

（5）将磁珠置于磁力架2 min，吸弃液体，向每管磁珠中加入1 mL低盐洗涤液，4 ℃翻转孵育10 min。

（6）重复第（5）步两次。

（7）将磁珠置于磁力架2 min，吸弃液体，向每管磁珠中加入1 mL高盐洗涤液，4 ℃翻转孵育10 min。

（8）重复第（7）步一次。

（9）将磁珠置于磁力架2 min，吸弃液体，向每管磁珠中加入1 mL TE缓冲液，4 ℃翻转孵育10 min。

（10）将磁珠置于磁力架2 min，吸弃液体，每管磁珠中加入150 μL洗脱液。同时将裂解步骤（2）中保存在−80 ℃的Input样品取出，加入130 μL洗脱液使其总体积达到150 μL，作为2%的Input，与实验组样品同时进行后续实验。

4. 解交联

（1）将上述实验组（不移除磁珠）样品及Input在65 ℃孵育2 h进行解交联。

（2）继续在上述实验组（不移除磁珠）样品及Input中加入1.5 μL Protease K（终浓度为20 μg/mL），在55 ℃孵育1 h。

5. RNA纯化

（1）将实验组样品置于磁力架2 min，吸取液体至新的离心管中，Input不需进行操作。在实验组样品和Input中分别加入1 mL Total RNA Extractor（Trizol）试剂，并按照试剂说明书进行RNA提取，最后加入15 μL无酶水溶解纯化后的RNA。

（2）在每个样品中加入3.5 μL的10× DNaseI反应液和1.5 μL的DNaseI，37 ℃孵育30 min，之后加入2 μL 200 mmol/L EDTA，65 ℃孵育10 min使DNaseI失活。

（3）用TE缓冲液作为空白对照，用超微量分光光度计测定提取的RNA的浓度。

6. RT-qPCR的鉴定

用逆转录试剂盒对样品进行逆转录，按照试剂盒说明书操作。用7SK RNA的引物，以上一步反转录的产物为模板进行qPCR，并对数据进行分析。引物序列为上游F引物：5′-CGGTCTTCGGTCAAGGGTAT-3′；下游R引物：5′-TTGACTACCCTACGTTCTCC-3′。

【实验结果】

图8-3是RIP实验结果，由图可知，CyclinT1与7SK RNA结合。

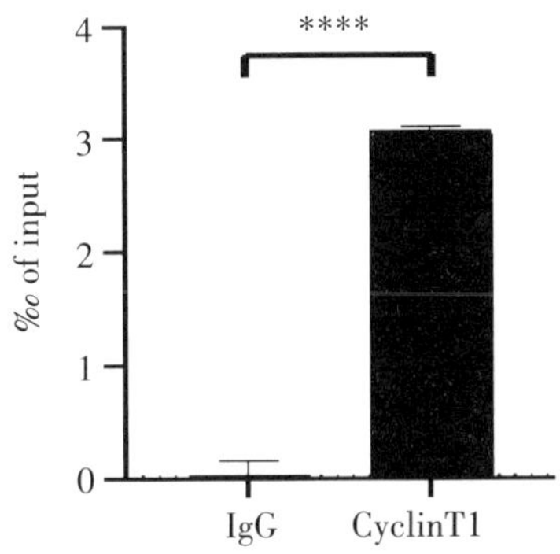

图8-3　RIP实验结果

【注意事项】

（1）所有的实验耗材均为无核酸酶污染的，所有溶液的配制均需要使用无酶水。

（2）当pH<8时，EDTA几乎完全不溶解，所以需要用NaOH调节pH直至其全部溶解。

（3）纯的NP-40比较黏稠，吸取的时候要缓慢吸取，或者可以将枪尖剪去后再吸。

（4）甲醛的饱和水溶液浓度在37%～40%，尽量使用新鲜的试剂，放置时间过长的甲醛，其浓度可能变化很大。

（5）加入甘氨酸后，培养基会瞬间变黄，这属于正常现象。

（6）如果没有超声细胞破碎仪，也可以不用超声，将加入RIPA缓冲液的细胞悬液在4 ℃孵育2～4 h可以达到和超声近似的效果。但还是建议超声，因为超声还起到打断DNA和RNA、提高样品获得率的作用。

（7）此超声条件可以提前优化，以使细胞基因组DNA断成1,000～2,000 bp的片段为宜。

（8）也可以选择在常温下孵育2 h，具体实验参数要根据实际情况和预实验结果确定。

（9）（5）—（8）步可根据预实验结果调整清洗次数和时间，如果IgG组污染严重，则需延长每一步清洗的时间（如20 min），或增加清洗次数（如低盐洗涤液洗5次，高盐洗涤液洗3次）。

（10）也可以用商业化的RNA提取试剂盒进行纯化，用试剂盒纯化的

RNA纯度会更高，但纯化效率不如Trizol法。

（11）因为RIP后的RNA总量过小，所以可能测到的浓度过低或没有浓度，这种情况属于正常，不影响后续实验。因此，这一步也可以不用测浓度。

（12）取等体积的各样品进行逆转录。

【思考题】

（1）RNA pull down和RIP有何联系与区别？

（2）RIP实验为什么要设置Input组？如果没有Input组会怎样？

（3）最后一步逆转录为什么要用等体积的样品，而不是等质量的RNA？

（程博　朱占武）

实验九　双分子荧光互补实验

【实验目的】

（1）掌握本氏烟草瞬时转化方法；

（2）验证蛋白质间的相互作用；

（3）定位蛋白质相互作用的亚细胞位置。

【实验原理】

双分子荧光互补（bimolecular fluorescence complementation，BiFC）技术是一种在活细胞中检测蛋白与蛋白相互作用的可视化方法。该技术利用荧光蛋白（如黄色荧光蛋白YFP或绿色荧光蛋白GFP）可被人工拆分为两个非荧光的片段（N端片段与C端片段），分别与待研究的两个蛋白（如蛋白A和蛋白B）融合。当这两种蛋白在细胞中相互作用时，荧光蛋白的两个片段被空间拉近并重新折叠复性，从而恢复荧光功能，发出荧光信号。通过荧光显微镜，即可直接观察蛋白相互作用是否发生及其在细胞内的定位。

BiFC技术具有较高的空间分辨率和较强的信号稳定性，能够在细胞天然环境里实现蛋白质相互作用的实时可视化。BiFC实验适用于多种生物系统，包括植物、酵母、哺乳动物等。然而，融合标签的位置（N端或C端）可能会影响蛋白功能和相互作用的效果，因此，实验设计时需进行合理评估和验证。实验中需设置合适的阴性对照组（如与空载片段共表达），以确认荧光信号的特异性来源于蛋白质与蛋白质相互作用。

图9-1是双分子荧光互补实验原理示意图。

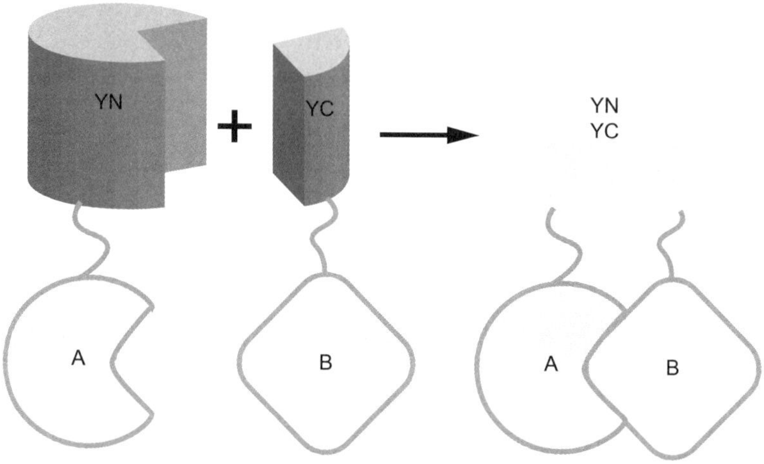

图9-1 双分子荧光互补实验原理示意图

【实验流程】

图9-2是双分子荧光互补实验流程。

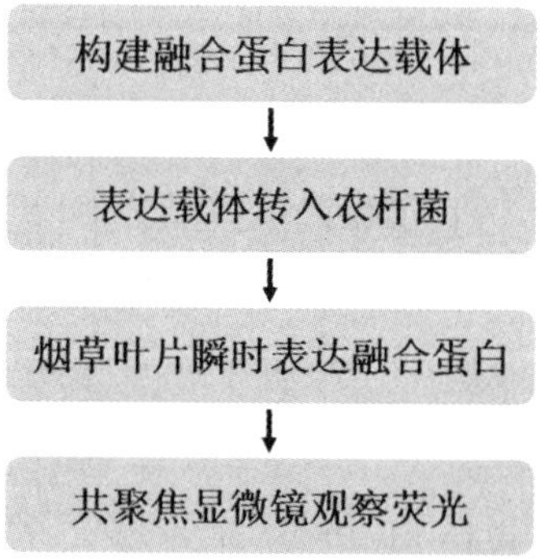

图9-2 双分子荧光互补实验流程

【实验器材和试剂】

1.实验仪器

高速离心机、分光光度计、移液器、一次性注射器、恒温水浴锅。

2.实验材料

本氏烟草、农杆菌感受态GV3101、表达质粒。

3. 实验试剂

1 mol/L MES溶液、1 mol/L $MgCl_2$、1 mol/L 乙酰丁香酮、LB培养基、50 mg/mL庆大霉素、50 mg/mL硫酸卡那霉素。

【实验步骤】

1. 构建BiFC载体

（1）将目标蛋白A与荧光蛋白的N端片段（如YN）融合（A-YN），构建表达载体。

（2）将目标蛋白B与荧光蛋白的C端片段（如YC）融合（B-YC），构建表达载体。

2. 农杆菌转化

（1）从-80 ℃冰箱中取出GV3101农杆菌，在冰上融化。

（2）取重组质粒5～10 μL（表达载体），加到融化后的感受态细胞中，冰浴30 min。

（3）液氮中冷冻1 min，取出迅速放入37 ℃水浴锅中，水浴5 min。

（4）取出在冰上放置2 min，加1 mL LB培养基，28 ℃培养4 h。

（5）8,000 *g*离心2 min，去上清（留50～100 μL），吹悬菌体，涂布在含有卡那霉素（一般视质粒抗性而定）和庆大霉素的平板上，倒置培养2天，挑单菌落进行PCR鉴定。

（6）将成功转化的菌落接入4 mL含有相应抗生素的LB培养基中，28 ℃，摇培过夜，加入终浓度为15%的甘油，混合均匀，保存于-80 ℃冰箱。

3. 烟草的瞬时转化

（1）配制培养液：在LB中加入相应抗生素及以下组分（表9-1）。

表9-1 烟草瞬时转化培养液的配制

组分	工作液浓度	母液浓度	100 mL LB加入量
MES	10 mmol/L	1 mol/L	1 mL
乙酰丁香酮	20 μmol/L	1 mol/L	2 μL

（2）将10 μL低温保存的目标农杆菌接入5 mL培养液中，28 ℃摇培12～18 h，摇至OD_{600}为0.6.

（3）将菌液9,000 *g*离心2 min，收集菌体。

（4）配制浸染液，如表9-2所示。

表9-2 烟草瞬时转化浸染液的配制

组分	工作液浓度	母液浓度	100 mL加入量
MS			0.433 g
蔗糖			1 g
MES	10 mmol/L	1 mol/L	1 mL
$MgCl_2$	10 mmol/L	1 mol/L	1 mL
乙酰丁香酮	150 μmol/L	1 mol/L	15 μL

浸染液溶解后需调pH至5.7。

（5）用1 mL浸染液将菌体重悬，再取对应数量的1.5 mL空离心管，各加入1 mL浸染液。吹打混匀菌体重悬液，取30 μL于1 mL浸染液中，以空白浸染液为对照，测各稀释浸染液的OD_{600}值。

（6）根据吸光值，换算OD_{600}值为0.4时每mL浸染液的菌体重悬液加入量，根据注射量混合菌液。

（7）将菌液混合后，室温下静置2 h。

（8）选长势良好的本氏烟草叶片，用去针头的1 mL注射器吸取菌液，一只手顶住上表皮，将菌液从下表皮轻推入叶片中。

（9）注射后，黑暗处理12 h，然后放置光下培养48～72 h，用共聚焦显微镜观察荧光。

【实验结果】

图9-3是烟草叶片中BiFC检测的结果。由图可知，CIK1与CLV1、CRN和RPK2存在相互作用[3]。

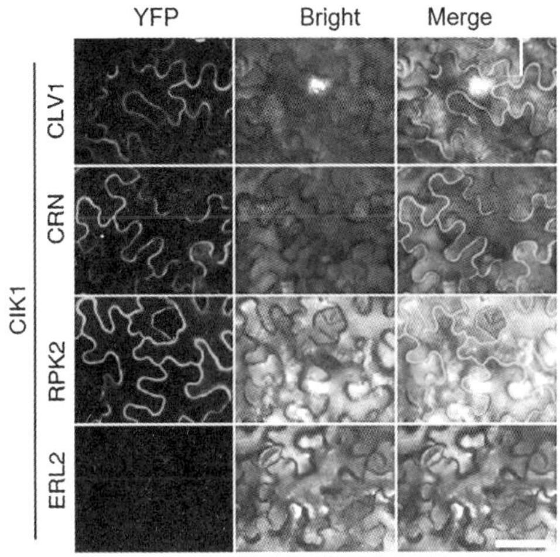

图9-3　烟草叶片中BiFC检测结果

【注意事项】

（1）选择健康、长势良好的烟草叶片进行注射，太小的可能注射不进去，太老的则表达效率较低。叶片气孔打开的时候比较容易注射，因此，最好在白天注射。

（2）农杆菌菌液浓度是需要自己摸索的，OD_{600} =0.4并不一定适用于所有的基因，高浓度可能会导致叶片死亡，或者影响定位结果。

（3）不同外源基因的瞬时表达效率大不相同，建议在BiFC之前先做亚细胞定位，以评价下两个基因的表达效率，以便调整转化条件。

（4）注射后的植株通常在2天后观察，但不同基因表达的时间可能在1～3天之间。

【思考题】

（1）与其他检测蛋白质相互作用的方法相比，BiFC的优势是什么？

（2）BiFC有什么缺点？

（3）BiFC有哪些用途？

（易静）

实验十 蛋白质免疫共沉淀实验

【实验目的】

（1）了解免疫共沉淀的原理；

（2）掌握蛋白质的提取和免疫共沉淀的操作方法；

（3）掌握检测蛋白质相互作用的原理和步骤。

【实验原理】

蛋白质免疫共沉淀（co-immunoprecipitation，Co-IP）是一种常用的蛋白与蛋白相互作用的检测方法。免疫共沉淀实验一般分为免疫沉淀（immunoprecipitation，IP）和免疫印迹（western blot，WB）两部分。免疫沉淀是抗原检测和纯化应用较广泛的方法之一，其原理简单：针对特定靶蛋白的抗体（单克隆或多克隆），在样品（例如组织总蛋白）中与该靶蛋白形成免疫复合物，然后将免疫复合物捕获或沉淀在固定抗体结合蛋白（如蛋白A或G）的珠状载体上，同时洗掉珠子上所有未沉淀的蛋白质，并洗脱抗原和抗体，完成纯化。随后，可以使用WB的相关方法，即十二烷基硫酸钠-聚丙烯酰胺凝胶电泳进行分析，最终进行蛋白质印迹检测，以验证抗原的身份。

图10-1是免疫共沉淀实验原理示意图。

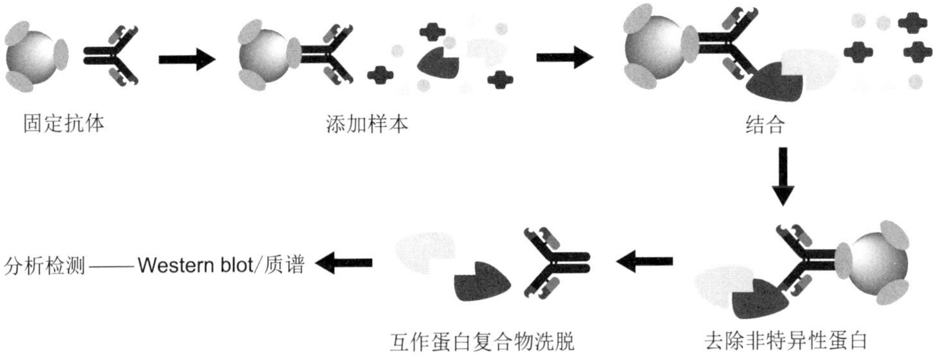

图10-1 免疫共沉淀实验原理示意图

【实验流程】

图10-2是免疫共沉淀实验流程。

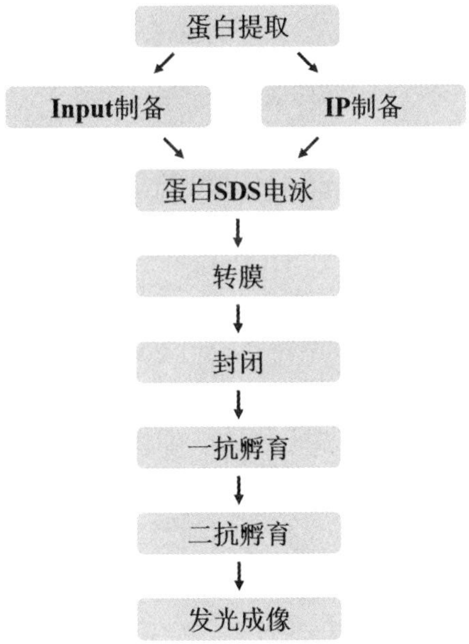

图10-2 免疫共沉淀实验流程

【实验器材和试剂】

1. 实验仪器

电源、垂直电泳槽、蛋白湿转膜仪、小型水平摇床、化学发光成像仪、制冰机、紫外超净工作台、研钵。

2. 实验材料

约4周龄的本氏烟草幼苗、表达质粒，以及携带各种表达质粒的GV3101或者EHA105根癌农杆菌菌株。

3. 实验试剂

3.1 母液

（1）1 mol/L Tris-HCl（pH 7.5）

将121.1 g Tris溶于800 mL ddH_2O中，用约70 mL的浓HCl调pH值至7.5。

（2）5 mol/L NaCl

将292.2 g NaCl溶于800 mL ddH_2O中，储存于1 L容器中备用。

（3）500 mmol/L EDTA（pH 8.0）

将18.6 g EDTA溶于80 mL ddH_2O中，用NaOH调pH值至8.0，储存于100 mL容器中备用。

（4）0.1 mol/L PMSF

将0.87 g PMSF溶于50 mL乙醇中，避光储存在-20 ℃中。

（5）1×TBS

50 mmol/L Tris-HCl，150 mmol/L NaCl，加入10 mL 1 mol/L Tris-HCl（pH 8.0）和6 mL 5 mol/L NaCl，定容至200 mL。

3.2 工作液

（1）裂解缓冲液

50 mmol/L Tris-HCl（pH 7.5）、150 mmol/L NaCl、1 mmol/L EDTA（终浓度）、10%甘油、1 mmol/L PMSF（现加现用）、0.05%～0.1% Tween 20（可变为其他去垢剂，如NP40、Triton-X 100等）。

（2）抗体洗脱缓冲液

TBST，1×TBS加0.05% Tween 20。

（3）5×Loading Buffer

60% 0.25×TBE Buffer	6 mL
40% Glycerol	4 mL
0.2% Bromphenol Blue	

【实验步骤】

1. 蛋白质提取

（1）4周龄的本氏烟草，在进行转化的前一天浇足水；

（2）分别将含有标签诱饵蛋白和捕获蛋白质粒的农杆菌接种到3～5 mL含有相应抗生素的YEP培养基中，28 ℃，200 r/min，过夜培养；

（3）将培养好的菌液分别转接至4 mL含有对应抗生素、10 mmol/L MES和40 μmol/L 乙酰丁香酮的YEP培养基中，28 ℃，200 r/min，过夜培养；

（4）4,000 r/min，10 min台式离心机离心，弃上清以收集农杆菌，随后用10 mmol/L氯化镁重悬至OD_{600}=1，并加入至终浓度为200 μmol/L的乙酰丁香酮，室温下避光静置3 h；

（5）将携带诱饵蛋白和互作蛋白的重组载体农杆菌重悬液等体积混合；使用1 mL去除针头的注射器将重悬液注入烟草叶片，并做好标记，放置于黑暗中培养12 h，然后在光下继续培养36 h；

（6）2～3天后，收集叶片并保存于液氮中；在液氮预冷过的研钵中，将叶片研磨成粉末；

（7）转移粉末至5 mL离心管中，并加入裂解缓冲液1.5～2 mL，置于冰上反应30 min，同时预冷离心机；

（8）4 ℃下，15,000 *g*离心1 h，随后取上清，分成IP组和Input组两部分备用（通常取少量样品作为总蛋白对照即Input）。

2. IP实验

（1）取40 μL的琼脂糖凝胶偶联的标签抗体珠子（agarose-conjugated anti-TAG beads，简称beads），使用裂解缓冲液洗涤，每次加入1 mL缓冲液，温和混匀后，2,000 *g*，离心5 min，重复4～5次以彻底清洗beads。

（2）准备IP的样品，并且补充好缓冲液以保证每个蛋白粗提液的体积和蛋白浓度一致。

（3）用大口径移液枪头分别吸取20 μL的beads加入各蛋白粗提液中，并在4 ℃下旋转孵育4 h或过夜。

（4）孵育完成后，2,000 *g*，离心5 min，弃上清。

（5）随后用1 mL裂解缓冲液重悬，转移至1.5 mL离心管中，孵育5 min后2,000 *g*，离心5 min，弃上清，并重复用1 mL缓冲液清洗，随后离心，至少重复3次。

（6）分别向IP和Input组加入适量的SDS蛋白上样缓冲液，100 ℃水浴煮沸5～10 min备用。

3. 电泳和转膜

（1）将样品加入上样孔后，首先80 V 30 min使样品浓缩，随后120 V 1 h电泳。

（2）待溴酚蓝刚好跑出凝胶时停止电泳（溴酚蓝的大小相当于65 bp的DNA）。

（3）转膜：将凝胶上的样品转移至PVDF膜上，从负极到正极的顺序依次是黑色底架-海绵-滤纸-凝胶-膜-滤纸-海绵-白色底架，4 ℃，200 mA，90 min。

4. WB实验

（1）配制封闭液（10%脱脂奶粉的TBST溶液）。转膜完成后小心取出PVDF膜，将带有蛋白marker的一侧朝上放入封闭液中，室温条件下，水平摇床45 r/min封闭1 h。

（2）弃去封闭液，将一抗按1∶10,000（可以适当调整比例）稀释于含5%脱脂奶粉的TBST中，室温孵育1 h或4 ℃孵育过夜。

（3）回收一抗，各加入10 mL TBST溶液进行漂洗，水平摇床漂洗5 min，重复3次。

（4）将二抗按1∶20,000（可以适当调整比例）稀释于10 mL TBST中，混匀，加入孵育盒中，室温条件下，水平摇床45 r/min孵育1 h。

（5）各加入10 mL TBST溶液进行漂洗，水平摇床漂洗5 min，重复3次。

（6）在2 mL EP管中混合显色液，加入1 mL Luminol/Enhancer Solution和1 mL Stable Peroxide Solution，注意避光保存。

（7）将PVDF膜放入干净的培养皿中，加入发光液，使发光液均匀覆盖在膜上，用镊子小心夹取PVDF膜的边角放入化学发光仪中成像，根据需要，调节曝光时间，采集曝光图像。

【实验结果】

图10-3是Co-IP检测结果。由图可知，TEM2与GT4蛋白发生了相互作用[4]。

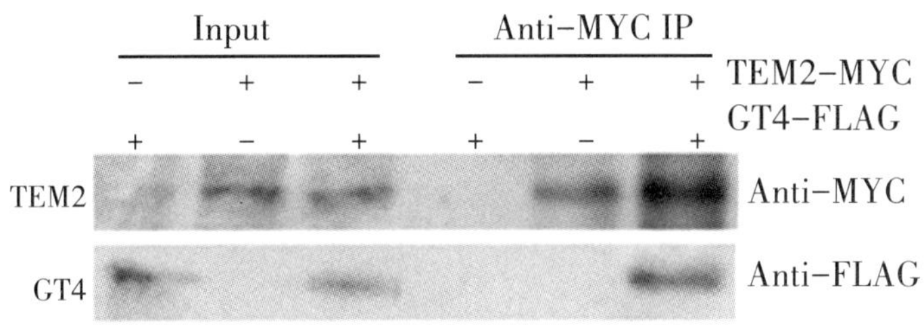

图10-3　Co-IP检测结果

【注意事项】

（1）转膜一定要在冰水浴条件下进行，并且要保证转膜时间足够，在遇到较大分子量的蛋白时，可适当延长转膜时间。

（2）转膜完毕后，封闭时间不宜过长或过短，以免造成背景脏乱。

（3）一抗、二抗的浓度可以根据实验结果或蛋白性质适当调整；同时注意，一抗在4 ℃下孵育过夜效果较室温摇床孵育1 h更好。

【思考题】

（1）Co-IP技术是基于什么原理产生的？

（2）Co-IP检测蛋白与蛋白相互作用的优缺点是什么？

（3）为什么说Co-IP只能证明“存在共复合物”，而不能证明“直接结合”？

（4）如何提高共沉淀实验的特异性？是否可以使用交联剂？会带来哪

些问题？

（5）与Co-IP相比，GST pull-down 和 FRET/BiFC 有哪些优势和限制？

（6）是否能将Co-IP结果与蛋白功能关联？例如，验证某一突变是否破坏了相互作用，如何设计？

（向云　钱东　程嘉琦）

实验十一　蛋白质液滴体外融合实验

【实验目的】

（1）研究液滴的形成与融合机制；

（2）探索蛋白质相互作用；

（3）有助于研究疾病中蛋白质液滴行为的异常，进而为研究疾病机理提供线索。

【实验原理】

蛋白质液滴体外融合（protein droplet fusion in vitro）实验的原理主要基于液-液相分离（liquid-liquid phase separation，LLPS）现象。LLPS是指在一定条件下，蛋白质或RNA分子通过非共价相互作用（如疏水作用、静电作用、氢键等）聚集，形成富集的液滴状结构。这些液滴具有液态特征，并且在一定条件下能够与其他液滴发生融合。

LLPS现象发生在大分子（如蛋白质、RNA等）浓度较高时，分子间的相互作用使得溶液中的某些组分从均匀溶液中分离出来，形成局部浓缩的液滴。液滴的形成主要依赖于以下几个因素：疏水作用，疏水性氨基酸通过相互作用会促进蛋白质聚集，形成液滴；静电作用，带电氨基酸残基之间的相互作用也有助于液滴的形成；蛋白质间相互作用，特定的蛋白质结构域（如富含脯氨酸的区域、富含半胱氨酸的区域）可以驱动液滴的形成。

液滴一旦形成，其内部具有流动性和动态性。这些液滴之间能够发生融合或分裂，形成更大或更小的液滴。液滴融合的速率和稳定性受到以下多个因素的影响：温度，高温会促进分子运动，增强液滴之间的相互作用，加速液滴的融合过程；离子强度，盐浓度的变化会影响液滴的形成和稳定性，高盐浓度可能会促进蛋白质分子的聚集；pH值，溶液的pH值影响蛋白质的带电状态，进而影响液滴的形成和稳定性。

在实验中，通过荧光显微镜、相差显微镜等，可实时观察蛋白质液滴的形成、大小变化和融合过程。使用荧光标记蛋白质，能够清晰地观察液滴的动态行为及其融合现象。液滴的融合过程可以通过分析图像，从而定量研究其融合速率和效率。

图11-1是液-液相分离原理图。

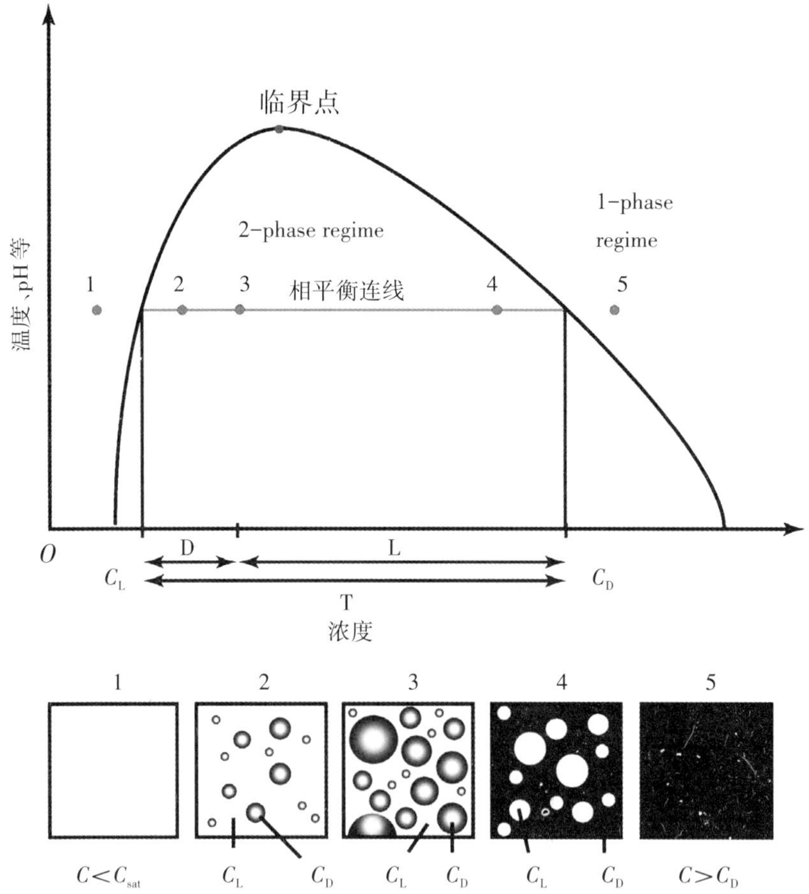

图11-1 液-液相分离原理图[5]

【实验流程】

图11-2是蛋白质液滴体外融合实验流程。

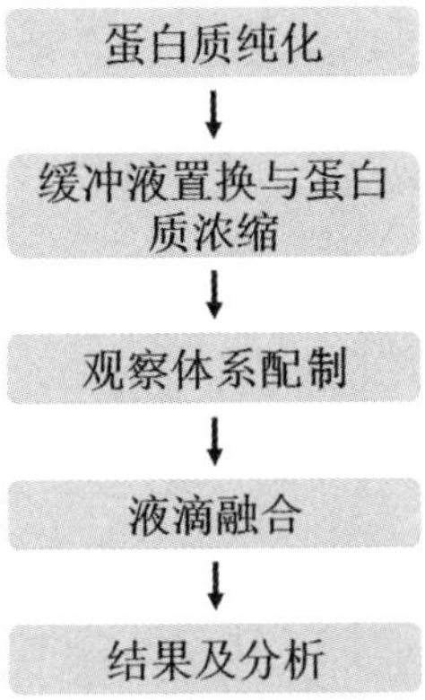

图11-2　蛋白质液滴体外融合实验流程

【实验器材和试剂】

1. 实验仪器

荧光显微镜或荧光共聚焦显微镜，玻底的384孔板或玻底培养皿，移液器（10 μL、200 μL、1 mL等），离心管，离心机，涡旋振荡器，水浴锅，冰箱等。

2. 实验材料

BL21大肠杆菌感受态，带荧光标签的融合蛋白表达载体。

3. 实验试剂

Ni-NTA琼脂糖树脂，HEPES，NaCl，DTT，PEG8000。

【实验步骤】

使用体外表达系统（如大肠杆菌、酵母或哺乳动物细胞）表达目标蛋白质。破碎细胞，离心收集上清液，根据蛋白质特性，选择适当的纯化方法（如亲和层析、离子交换层析、凝胶过滤等）。逐步去除粗蛋白质溶液中的杂质，直至获得高纯度的目标蛋白质。以原核表达His蛋白为例，具体步骤如下：

1. 蛋白质纯化

参考实验四。

2. 缓冲液置换与蛋白质浓缩

（1）脱盐：使用透析袋或脱盐柱，将蛋白质溶液中的咪唑等分子去除，最终将缓冲液替换为HEPES缓冲液（25 mmol/L HEPES、300 mmol/L NaCl、1 mmol/L DTT，pH7.5）。

（2）浓缩：使用合适孔径的超滤离心管（孔径应大于目的蛋白质分子量的3倍），4 ℃下离心，在不产生沉淀的情况下，尽可能使内管溶液体积缩小，即尽可能提高蛋白质浓度，便于后续实验。

（3）浓度测定：使用BCA法、Bradford法或紫外光谱法等测定蛋白质浓度，记录数值。

（4）蛋白质保存：将蛋白质溶液分装成数个小管，于液氮中速冻，置于-80 ℃保存。

3. 观察体系的配制

配制不同NaCl浓度的HEPES缓冲液，将浓缩的蛋白质溶液进行稀释，使溶液中NaCl的终浓度调整至50 mmol/L。若液滴形成的现象足够明显，则能观察到溶液由澄清透明变为浑浊液的现象。

同时，配制50%的PEG8000溶液备用。

4. 液滴融合

（1）将蛋白质溶液立即加入384孔板中，每孔加10 μL。

（2）液滴融合现象的观察：立即在显微镜下观察，同时使用荧光通道更便于观察。

（3）调整显微镜焦距，定位在384孔板玻璃底附近，此处液滴形成现象更稳定，便于拍摄。

（4）选取合适视野，调整拍照参数，立即进行连续拍摄，选取较短的拍摄时间间隔以得到液滴融合的瞬间图像。

（5）若液滴形成现象不明显，可加入PEG8000至终浓度为10%（具体浓度可进行调整优化），以促进液滴的形成。

5. 进行FRAP实验

6. 数据处理与结果分析

对荧光显微镜照片或视频进行图像分析，提取液滴大小、数量、形状等参数。对FRAP实验中的荧光恢复数据进行统计分析，计算荧光恢复速率等参数。

【实验结果】

图11-3是蛋白质液滴体外融合结果图[6]。

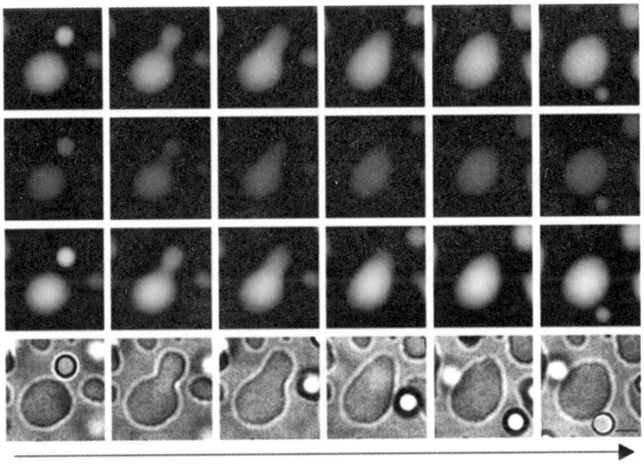

图11-3　蛋白质液滴体外融合结果

根据图可知，随时间增加，蛋白质液滴逐渐融合，形成一个更大的液滴。该方法是评价蛋白质相分离能力的常用方法之一。

【注意事项】

（1）蛋白应是高纯度的，避免杂质导致非特异性聚集。

（2）荧光标签（如GFP、mCherry）不能干扰相分离行为；有些标签会改变蛋白质的相互作用。

（3）建议设定多个浓度（低、中、高），以观察液滴的形成和融合情况。

（4）pH值、离子强度和温度需严格控制，微小变化可能会显著影响

LLPS行为。

【思考题】

（1）蛋白质形成液滴的驱动力可能有哪些？

（2）哪些变量可能会影响液滴的形成与融合？

（3）如果液滴不能融合，可能的原因有哪些？

（4）蛋白在体外能形成液滴并融合，这是否能推断它在细胞内也参与LLPS？

（5）如果在细胞内未观察到相应液滴，可能是哪些原因导致的？

（宋渊　姚思渊）

实验十二　微量热泳动实验

【实验目的】

（1）了解微量热泳动的工作原理；

（2）掌握微量热泳动的实验方法；

（3）掌握Monolith NT.115仪器的使用方法。

【实验原理】

微量热泳动（microscale thermophoresis，MST）是一种表征生物分子特性的光学方法，是粒子在微观温度梯度中的定向运动。生物分子的质量、电荷、水化层和构象发生改变均可导致分子在温度梯度场中运动速度的变化，这种变化可以用来分析分子间的相互作用以及各种化学剂量学参数。

该实验方法是将其中一个相互作用分子（大多是蛋白质）标记荧光染料或者融合GFP标签，将标记蛋白和配体分子按照特定的浓度梯度置于毛细管中，红外激光加热产生一个微观的温度梯度场发生热泳动，其水化层、分子大小、电荷等分子性质会随着热泳动发生改变，进而引起反应体系中荧光分布的变化。MST除了能精确检测生物分子间的相互作用外，通过计算解离常数还能得到有关生物分子相互作用的其他参数，实现精确的定性分析。

图12-1是微量热泳动实验原理示意图。

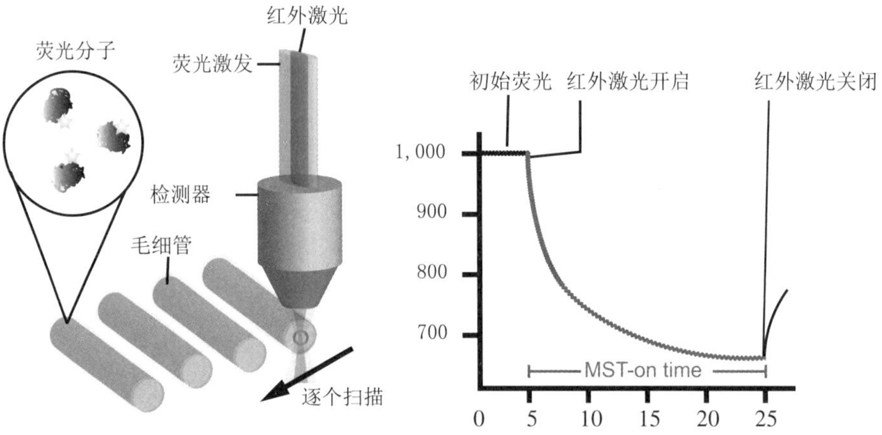

图12-1　微量热泳动实验原理示意图

【实验流程】

图12-2是微量热泳动实验流程。

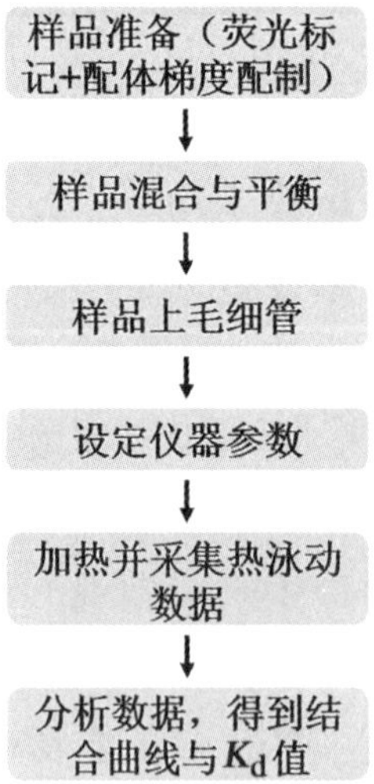

图12-2　微量热泳动实验流程

【实验器材和试剂】

MST实验采用Monolith™ RED-NHS二代蛋白标记试剂盒（Cat# MO-

L011)，Monolith NT.115仪器，毛细管（型号K005)，1.5 mL离心管。

样品制备：利用原核表达或真核表达纯化带标签的蛋白。

【实验步骤】

1.蛋白缓冲液置换

该步骤主要目的是除去蛋白中的Tris、glycine、咪唑、DTT或β-巯基乙醇等，避免影响标记效率，主要步骤为：

（1）将储存的目的蛋白稀释到10 μmol/L，蛋白浓度单位转换公式如下：

$$\text{浓度（μmol/L）}=\frac{1{,}000\times \text{浓度}(\text{mg/mL})}{\text{分子量}(\text{kDa})}$$

（2）轻轻颠倒A-柱数次，使其中液体混匀，拧下底部盖子，取下上部瓶盖，将A-柱放到干净的1.5 mL离心管中，500 *g*离心1 min，弃液；

（3）向A-柱中心加入300 μL标记缓冲液NHS，1500 *g*离心1 min，弃去离心管中的液体，重复该步骤3次；

（4）将A-柱重置于新的1.5 mL离心管中，加入100 μL的10 μmol/L的蛋白，1500 *g*离心2 min；

（5）离心管中的蛋白即为置换过buffer的蛋白。

2.蛋白荧光标记

（1）取1.5 mL离心管，加入7 μL新配制的RED-NHS二代染料与7 μL NHS标记缓冲液，用移液枪轻轻吸打混合均匀，获得终浓度为300 μmol/L的染料溶液；

（2）另取一只1.5 mL离心管，加入90 μL置换过缓冲液的蛋白，取10 μL的上述300 μmol/L染料溶液加入蛋白中，用移液枪轻轻吹打均匀，获得100 μL染料-蛋白溶液，此时溶液中染料浓度为蛋白浓度的3倍；

（3）室温下，黑暗处避光孵育30 min。

3.平衡B-柱

在标记蛋白的同时，平衡B-柱，步骤如下：

（1）取掉B-柱顶部盖子，倒掉里面的液体，随后取下下部盖子；

（2）用提供的适配器替换15 mL离心管的盖子，将B-柱从适配器顶部套入离心管中；

（3）在B-柱中加满结合反应缓冲液，以平衡B-柱，缓冲液在重力作用下流过树脂，弃去管中收集到的液体，重复该步骤3次；

（4）4次平衡总共需要8～10 mL结合反应缓冲液，弃去最后一次管中收集到的液体后，继续下一步实验；

（5）如果平衡B-柱的实验完成后，30 min的孵育还未结束，请将柱子的盖子重新盖上，以防树脂失水变干。

4.标记蛋白纯化

该步骤主要是去除未标记的染料，纯化标记的蛋白：

（1）将100 μL染料-蛋白标记反应溶液加入平衡好的B-柱中；

（2）待液体完全进入树脂后，向B-柱中加入550 μL结合反应缓冲液，缓冲液在重力作用下完全穿过树脂；

（3）将B-柱置于新的1.5 mL离心管中，加入450 μL结合反应缓冲液，收集滤出的含有标记蛋白的液体。

注：在向B-柱中加液体时一定要加在中心的树脂上，切勿使溶液沾碰柱内壁。

5.蛋白标记效率测试

（1）取10 μL上述标记蛋白稀释至终浓度为100 nmol/L；

（2）用毛细管（型号K005）吸取100 nmol/L的标记蛋白，开始测定；

（3）一般推荐蛋白标记效率为200～1,500。若< 200，可通过提高LED power、降低稀释倍数及优化标记效率来调整；若>1,500，可进一步稀释样品或降低LED power。

6. Binding affinity测试

（1）取40 μL上述标记蛋白与160 μL蛋白buffer混匀，补加2 μL 10%的Tween20混匀，13,000 *g*离心5 min，待用；

（2）将Ligand（与目的蛋白相互作用的蛋白）按梯度稀释16个，除第1个梯度外，其余15个梯度分别添加10 μL Ligand buffer，随后向第1及第2梯度分别添加10 μL Ligand母液（浓度为1 mmol/L）；将第2梯度混匀后取10 μL与第3梯度混匀后，取10 μL至第4梯度，依次稀释至第16个梯度，且第

16个梯度混匀后取10 μL弃掉，待用；

（3）分别取步骤（1）中的10 μL蛋白添加至16个Ligand梯度稀释液中混匀，依次转至毛细管，待测；

（4）对数据进行分析，采用Graph pad 8做图。

【实验结果】

图 12-3 是 MST 检测结果。由图可知，p53 和 HsAlaRS 结合常数为 39 μmol/L [7]。

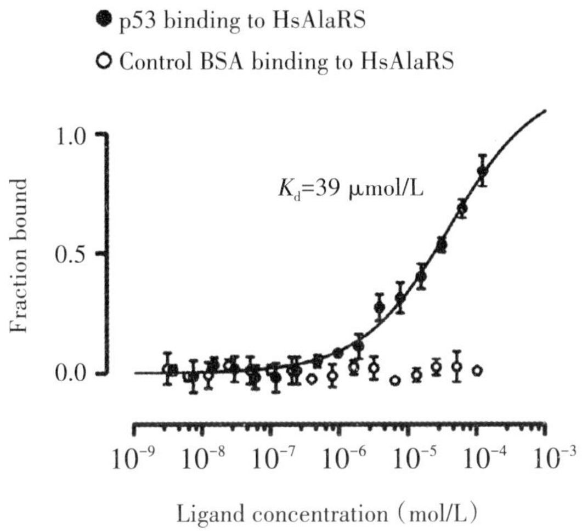

图12-3 MST检测结果

【注意事项】

（1）要确保蛋白质浓度足够高，并且在2～20 μmol/L的范围内，较低的浓度可能会导致耦合效率的损失。

（2）如果样品中含有>100 mmol/L咪唑，建议在标记前用标记缓冲液稀释蛋白质。

（3）避免使用包含Tris、glycine、还原剂DTT和β-巯基乙醇（如果需要还原剂，则使用TCEP）的缓冲液。如果蛋白质缓冲液不适用，则需要更换蛋白质缓冲液。

（4）为了防止非偶联染料污染样品，建议将样品直接装入树脂床的中心（柱A和柱B），尽量不要吹出吸头尖端，并避免吸头尖端与柱壁接触。

（5）不要超过试剂盒推荐的离心时间和速度。

（6）若样品产量低，则需要增加样品量（最大体积为100 μL）或尝试用不同的缓冲液来纯化蛋白质。

【思考题】

（1）如何确定MST的实验结果？什么样的现象能证明蛋白与蛋白发生了作用？

（2）在MST实验中，为什么需要荧光标记？标记分子的位置（如N端或C端）是否会影响实验结果？为什么？

（3）如果样品中存在少量聚集体或沉淀，会对MST数据造成什么样的影响？如何避免该影响？

（4）MST实验中，为什么要设定一系列不同浓度的配体？如何确定配体浓度范围？

（张华　崔钰琼）

实验十三　等温滴定量热法

【实验目的】

（1）掌握等温滴定量热法的原理和步骤；

（2）掌握等温滴定量热法数据采集和分析方法；

（3）基于等温滴定量热法结果评估反应机理。

【实验原理】

等温滴定量热法（isothermal titration calorimetry，ITC）是一种在恒定温度下，通过检测分子间相互作用中所释放或吸收的热量，进而直接测定结合反应热力学参数的技术。它不依赖任何分子标记，能够在接近生理条件下原位地研究分子之间的相互作用。当两个分子相互作用时，总会伴随着分子共价键或非共价键的断裂与生成，从而导致热量的吸收和释放。等温滴定量热法利用功率补偿原理可直接测量结合过程中的微量热量变化，通过测定结合过程中的热量传递，就能够准确地确定结合常数、反应化学量、焓变和熵的值。

等温滴定量热仪中含有参比池和样品池，两者是完全热隔离的。在温度恒定的情况下，滴定针中的样品以一定的速度向样品池中滴加，并通过不断地搅拌使其与样品池中的体系混合均匀，充分反应。在滴定过程中，由于反应的进行，会伴随着能量的变化，样品池和参比池会出现温度的差异。热敏传感器会将这种温度差异信号反馈给功率补偿装置，而该装置则会对样品池和参比池进行热量补偿，使其能量保持初始水平。仪器会实时记录这种热量补偿信号，当热量补偿信号为正值时，表明样品池中的相互作用为吸热反应；当热量补偿信号为负值时，表明样品池中的相互作用为放热反应。热量变化的大小用峰值表示，峰的宽度由热量补偿至初始水平所用的时间决定。根据记录的热量峰曲线进行积分和数据拟合，从而得到互相作用的两分子的摩尔计量比和热力学常数。

相比于其他方法，ITC不需要对蛋白进行荧光标记，不仅可以测定蛋白和小分子化合物，也可以测定不同小分子化合物之间的亲和力。

图13-1是等温滴定量热法原理示意图[8]。

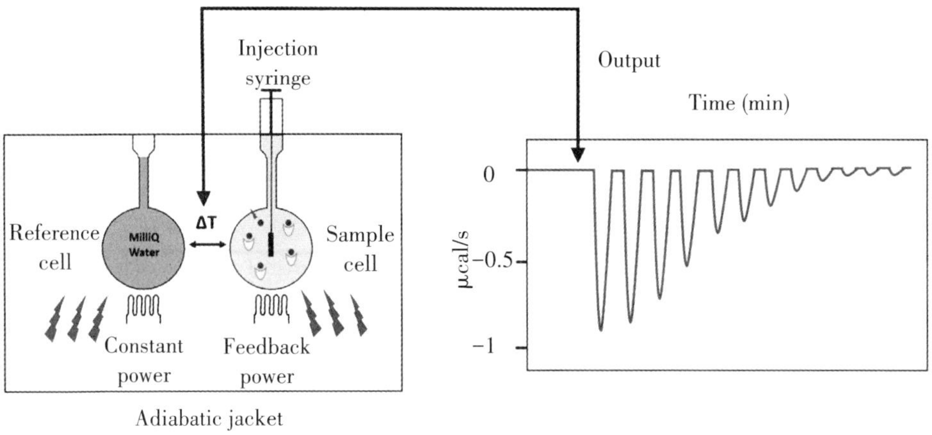

图13-1 等温滴定量热法原理示意图

【实验流程】

图13-2是等温滴定量热法实验流程。

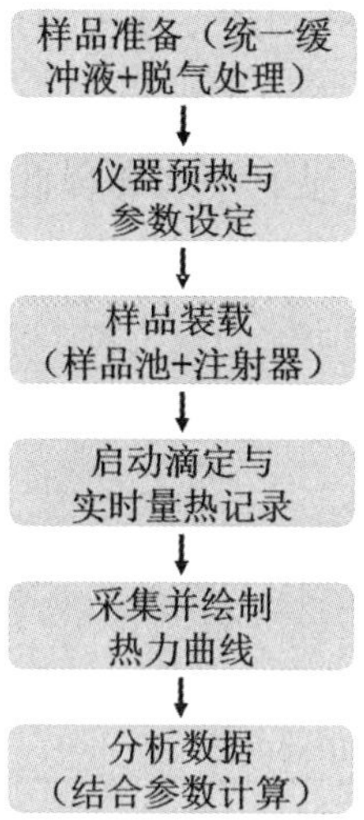

图13-2　等温滴定量热法实验流程

【实验器材和试剂】

1. 实验仪器

等温滴定量热仪、分析天平、纯水仪、离心机。

2. 实验试剂

2,4-二乙酰基间苯三酚（2,4-DAPG）、氯化铁（$FeCl_3$）、二甲基亚砜（DMSO）,ddH_2O。

【实验步骤】

1. 样品准备

1.1　样品浓度

一般用来测定配受体的 K_D 值是未知的，根据经验，样品池中的浓度一般为10 μmol/L～10 mmol/L，滴定针比样品池的浓度一般高10～20倍。一般可先尝试从200 μmol/L滴定至20 μmol/L，根据滴定的结果改变浓度后再次滴定。以 $FeCl_3$ 滴定2,4-DAPG为例进行实验。

（1）称取适量的2,4-DAPG固体，加入DMSO配制终浓度为10 mmol/L的溶液。

（2）称取适量的$FeCl_3$固体，加入ddH_2O配制终浓度为100 mmol/L的氯化铁溶液。

（3）将2,4-DAPG母液使用DMSO稀释1倍至终浓度为5 mmol/L，再用ddH_2O梯度稀释至终浓度为50 μmol/L，此时溶液中DMSO的占比为1%。

（4）将100 mmol/L的$FeCl_3$溶液使用ddH_2O梯度稀释至终浓度为250 μmol/L，在最后一次稀释中，加入DMSO使得250 μmol/L的$FeCl_3$溶液中DMSO的占比为1%。

1.2 样品前处理

对于测定的样品要澄清透明、没有杂质，可通过离心或过滤将不溶的杂质去除。同时配体和受体所使用的溶液要完全一致，其成分除配体和受体外，其他成分须完全一致。对于小分子滴定蛋白，可将蛋白透析，使用透析液配制小分子配体。

（1）取2,4-DAPG溶液离心，取350 μL上清液加入新的1.5 mL离心管中备用。

（2）将$FeCl_3$溶液离心，取100 μL上清液加入新的PCR管中备用。

2. $FeCl_3$与2,4-DAPG滴定

2.1 仪器检查

每次使用前需先检查超纯水、甲醇、Decon90瓶中对应的溶液是否充足，若不足需将上述溶液补充至足量，并清理废液瓶中的液体。

2.2 仪器清洗

检查完毕后，按照软件的操作指示，将滴定针和样品池与清洗装置连接，对滴定针和样品池进行清洗。清洗完成后可使用缓冲液将样品池润洗1～2次。

2.3 上样

滴定针上样：将上述PCR管中的100 μL 的$FeCl_3$溶液放置到上样孔中，将滴定针放入，点击软件开始吸样。

样品池上样：使用上样针吸取300 μL离心后的2,4-DAPG溶液，缓缓插入到样品池中，将液体缓慢推入，将所有液体加完后，用上样针将样品池外的溶液吸干。整个过程要确保没有产生气泡。

2.4　滴定

反应体系的温度设置为25 ℃。

实验组：将250 μmol/L的$FeCl_3$逐滴滴入到浓度为50 μmol/L的2,4-DAPG的样品池中，测定120 s内反应的热力学变化，共滴定13滴。

对照组：将250 μmol/L的$FeCl_3$逐滴滴入到超纯水的样品池中，测定120 s内反应的热力学变化，共滴定13滴。

2.5　清洗仪器

滴定完成后，按照2.2的步骤分别清洗滴定针和样品池，清理废液瓶中的液体。

2.6　数据处理

使用ITC自带的处理软件对数据进行处理分析，得到反应的热力学参数，包括焓变ΔH、熵变ΔS和吉布斯自由能变ΔG，解离常数K_D值以及反应的摩尔比等参数。

【实验结果】

图13-3是等温滴定量热法测定2,4-DAPG与Fe^{3+}螯合能力的结果图。

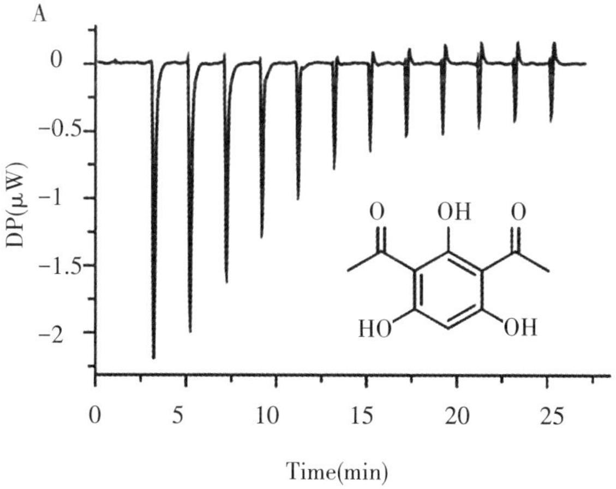

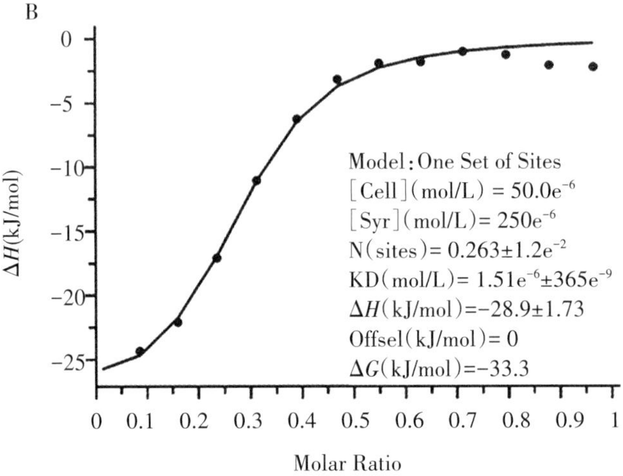

图13-3 等温滴定量热法测定2,4-DAPG与Fe^{3+}螯合能力的结果图

由图13-3可知，2,4-DAPG与铁离子的K_D值为（1.51 ± 0.37）μmol/L，并且得到2,4-DAPG与铁离子反应的配比为4:1，即一个铁离子可以结合4个2,4-DAPG分子。该反应的吉布斯自由能小于零，说明该反应是自发的；其焓变也小于零，说明DAPG和Fe^{3+}结合会释放热量，这也表明该反应是焓驱动的自发反应。

【注意事项】

（1）在配制样品时要注意样品的浓度和稀释比例，保证样品浓度准确，以确保测量结果准确。

（2）操作前应充分预热并校准ITC仪器，以确保实验可靠。

（3）测量前要彻底清洁样品池、滴定针和上样针，防止杂质干扰。

（4）滴定时应注意实验时间和速度，避免滴定间隔时间过短导致热量回不到基线。

（5）如第一次滴定的结果不理想，需根据滴定结果改变浓度，最好是在配受体的一个浓度固定的基础上，改变另外一个的浓度。

【思考题】

（1）等温滴定量热法有什么优缺点，哪些情况下不适合使用等温滴定量热法？

（2）等温滴定量热法要求配受体的缓冲液一致，这是为什么？如果不一致，会对结果产生怎样的影响？

（3）缓冲液中如果含有有机溶剂和表面活性剂会对结果产生什么影响？

（何永兴　冯瀚中）

实验十四　表面等离子共振实验技术

【实验目的】

（1）研究分子间的相互作用；

（2）表征蛋白与蛋白、蛋白与小分子等的相互作用；

（3）监测分子在固体表面上的吸附、反应和动力学变化。

【实验原理】

表面等离子共振（surface plasmon resonance，SPR）技术是一种用于研究分子间相互作用的无标记实时监测技术。基于表面等离子体共振现象，激光光束照射到金属（通常是金膜）表面时，可以在金属和介质之间引发表面等离子体波。当表面等离子体波的激发条件满足时，会在特定的入射角度下发生共振现象，进而导致反射光的强度发生变化。反射光变化：当样品分子（如抗体、受体等）结合到金属表面上时，表面上的折射率会发生变化，从而导致SPR信号（反射光强度）发生改变。SPR中反射角的变化与分子结合引起的表面质量变化密切相关，因此，可用于定量分析分子间的结合过程。反射角的变化与分子相互作用所引起的质量变化密切相关。实时监测：通过监测反射光强度的变化，可以实时监测分子相互作用过程中的结合和解离行为。反射角度的变化与分子在表面上吸附或释放的质量成正比。SPR技术能够提供分子相互作用的动力学数据，包括结合速率、解离速率以及亲和常数，这些数据对于研究分子间相互作用至关重要。

图14-1是表面等离子共振实验原理示意图。

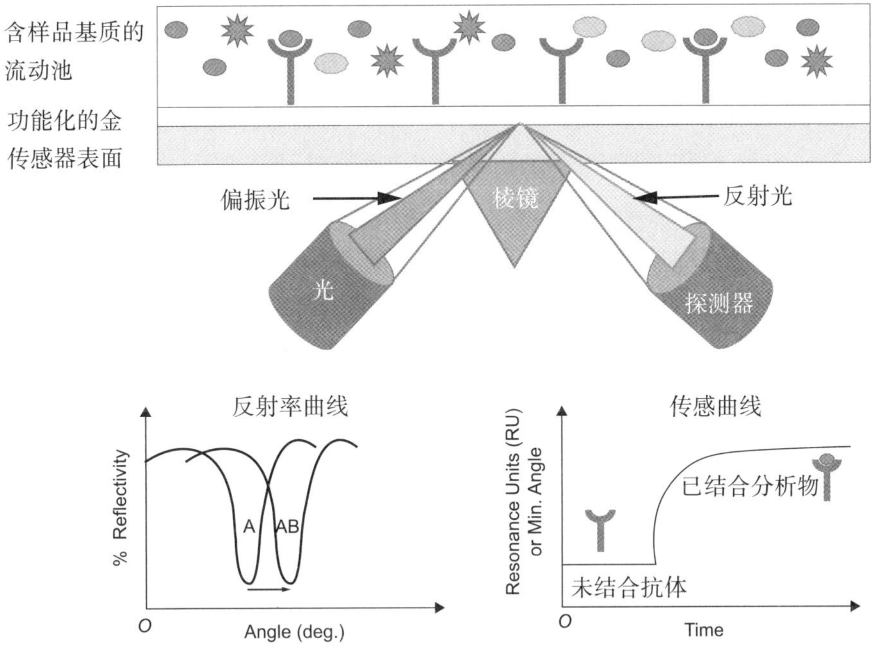

图 14-1　表面等离子共振实验原理示意图

【实验流程】

图 14-2 是表面等离子共振实验流程。

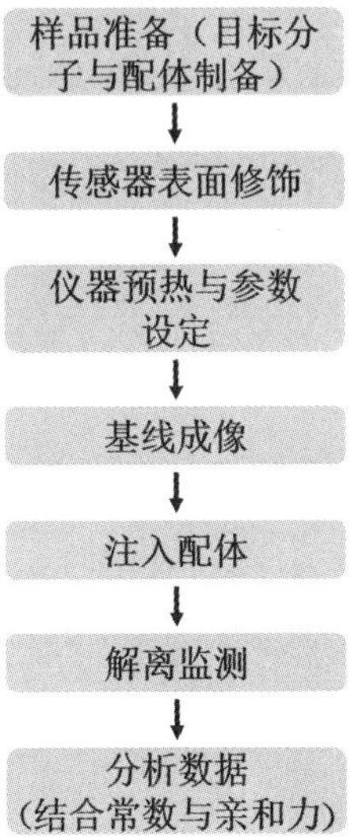

图 14-2　表面等离子共振实验流程

【实验器材和试剂】

1. 实验仪器

表面等离子体共振仪（如Biacore T200）、与SPR设备配套的软件（如Biacore Evaluation Software）、微量进样系统精密进样器（自动或手动）液路系统、超声波清洗器清洗芯片及实验工具、离心机、涡旋混匀仪等基础设备、传感器芯片（Sensor Chips）。根据配体固定方式的不同，选择合适的芯片：CM5，即羧甲基化葡聚糖，适合大多数蛋白固定。

2. 实验材料

NEU1蛋白（浓度 > 0.5 mg/mL）和Salvianolic acid B（小分子，> 98%，溶解性好）。

3. 实验试剂

固定配体所需试剂（以化学共价耦联为例），如果使用氨基固定法（NHS/EDC法），则需要：

（1）NHS（N-羟基琥珀酰亚胺）。

（2）EDC［1-乙基-3-（3-二甲基氨丙基）碳二亚胺］。

（3）乙醇胺（ethanolamine-HCl）：封闭未反应活性基团。

（4）10 mmol/L乙酸钠缓冲液（pH 4.0～5.5）：用于配体稀释。

（5）分析阶段缓冲液（流动相）：HBS-EP缓冲液（常用）。组成为HEPES，NaCl，EDTA，Polysorbate 20（Tween 20），调pH为7.4，一般可购买商业试剂或自配。

（6）其他可用缓冲液：PBS、MES、Tris，根据样品性质选择。

（7）再生液（用于去除传感器表面上的结合物，从而恢复传感器表面可再用）。常见有：10 mmol/L Glycine-HCl（pH 1.5～3.0），50 mmol/L NaOH，SDS或高盐溶液（如1 mol/L NaCl）。再生液需实验优化，以确保能去除分析物而不破坏配体。

【实验步骤】

1. 芯片准备与激活（基于化学固定）

（1）预处理芯片：安装CM5芯片，系统冲洗（用HBS-EP缓冲液冲洗系统和芯片），预设4个通道（flow cell），建议只在通道2（Fc2）固定NEU1，Fc1为参考对照；

（2）芯片活化：向Fc2中注入1∶1混合的EDC/NHS（浓度一般为0.4 mol/L EDC/0.1 mol/L NHS），注入时间为30～60 s；

（3）固定化NEU1蛋白：用10 mmol/L乙酸钠缓冲液（pH 4.5）稀释NEU1蛋白至50 μg/mL，并把稀释好的NEU1蛋白注入Fc2通道，注入时间为1～3 min，目标固定化量为500～1,000响应单位（response unit，RU）；

（4）注入后用缓冲液冲洗表面；

（5）封闭未反应位点，注入1 mol/L乙醇胺（pH 8.5），注入时间为60 s，封闭未反应的活性酯。

2. 样品配制

Salvianolic acid B的浓度梯度配制如下：0、0.5、1、2、4、8、16 μmol/L，其中用于稀释的缓冲液与流动相保持一致，且DMSO浓度也需保持一致。

注意：小分子实验中保持DMSO一致性非常关键，建议使用DMSO calibration kit进行校正。

3. 相互作用检测

（1）注入样品，各梯度浓度的样品依次注入，结合时间一般为120 s，解离时间设为300～600 s；

（2）流速设定为30 μL/min，其中对照组为Fc1通道，实验组为Fc2通道，系统会自动扣除参考响应；

（3）每组实验结束后均需清洗芯片表面，选择合适的再生液（如10 mmol/L Glycine-HCl，pH 2.5），注入时间为30～60 s，以确保NEU1功能不被破坏；

（4）进行2～3轮实验，重复验证结果的稳定性。

4. 数据分析

使用Biacore Evaluation Software进行以下分析：

双通道减法（Fc2-Fc1）、拟合曲线（Sensorgram）及计算动力学参数：结合速率常数、解离速率常数、亲和常数。如动力学拟合不佳，可用稳态亲和模型计算亲和常数值。

【实验结果】

图14-3是表面等离子共振检测NEU1与Salvianolic acid B的结合常数结果[9]。

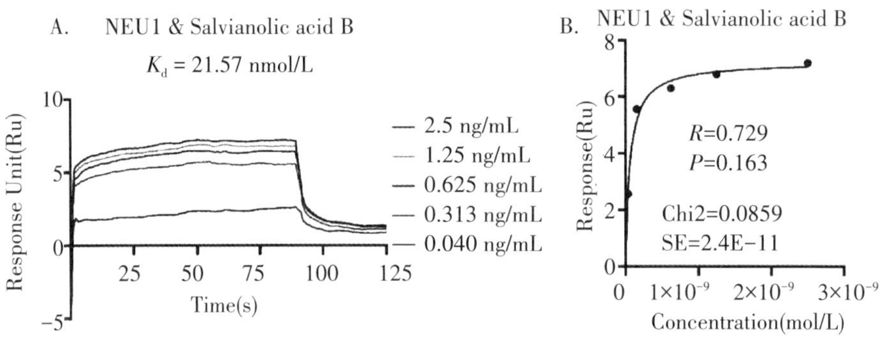

图14-3 表面等离子共振检测NEU1与Salvianolic acid B的结合常数结果

【注意事项】

（1）NEU1蛋白的活性和纯度非常关键，建议采用无His-tag的NEU1并通过生物素化的方式进行固定化，以最大程度保持NEU1的天然构象和功能活性。

（2）实验前应对芯片进行预冲洗，以确保基线稳定。

（3）实验过程中注意温度的控制。

【思考题】

（1）表面等离子共振技术中，为什么对小分子结合尤其敏感？这带来了哪些优势和挑战？

（2）如何通过SPR数据判断分子之间的结合是1∶1还是更为复杂的结合模式？

（3）为什么在固定蛋白前要选择特定pH值的乙酸钠缓冲液？如果pH值选错了，会产生什么结果？

（4）设计了Sal B的浓度梯度后，如何判断这些浓度是否合适？

（5）如果注射高浓度Sal B后，结合信号没有显著增加，可能是什么原因造成的？

（6）如果NEU1蛋白含有多个可能的结合位点，SPR技术能否区分它们？

（7）如果想筛选更多类似Sal B的小分子靶向NEU1，SPR是否适用于高通量筛选？

（8）SPR结果为阴性（无结合），如何判断是实验问题还是确实无相互作用？

（钱东　向云）

实验十五　原位杂交

【实验目的】

（1）定位基因表达；

（2）研究细胞发育、胁迫响应等过程中的基因表达变化；

（3）辅助功能基因分析，验证组织或细胞特异性表达。

【实验原理】

原位杂交（in situ hybridization，ISH）是一种利用核酸分子互补配对（碱基配对）的原理来检测特定mRNA在组织中的空间表达模式的技术。在实验中，研究者需要先设计并合成与目标mRNA互补的标记RNA探针（通常为反义链）。通过杂交孵育，这些探针能够与组织切片中天然存在的目标mRNA形成稳定的RNA-RNA双链结构。探针需要被标记，标记分子一般是DIG（地高辛，digoxigenin）或生物素（biotin）。最后，通过标记分子的特异性结合抗体（如抗DIG抗体）进行检测和显色，从而在显微水平上实现对目标mRNA的可视化定位。

图15-1是原位杂交原理示意图。

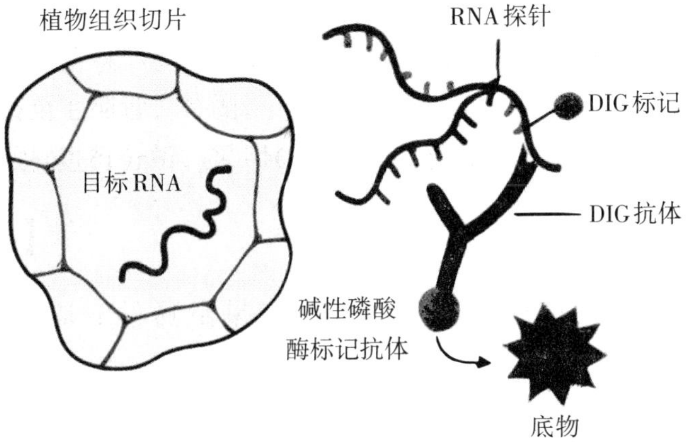

图15-1　原位杂交原理示意图

【实验流程】

图15-2是原位杂交实验流程。

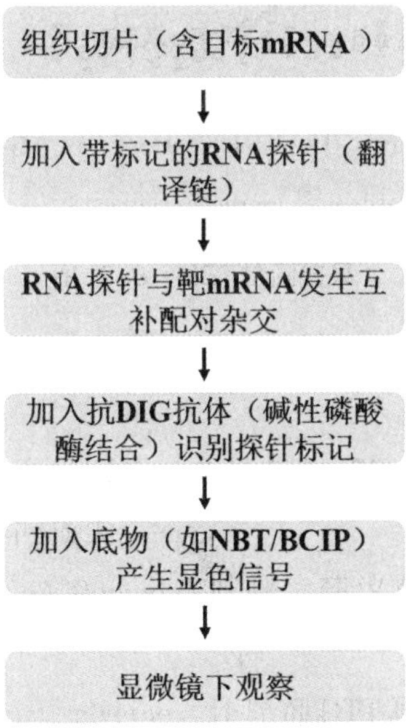

图15-2　原位杂交实验流程

【实验器材和试剂】

1. 实验仪器

微型离心机、恒温水浴锅、杂交箱、显微镜（带拍照功能）、石蜡切片机、恒温烘箱、摇床、真空抽滤装置、超净工作台和烘片热台。

2. 实验材料

植物组织材料，例如玉米花药等。

3. 实验试剂

3.1 组织固定与包埋相关试剂

（1）4% 多聚甲醛固定液

多聚甲醛（PFA）、DEPC处理的PBS缓冲液，60 ℃下搅拌溶解（不可超过65 ℃），调pH至7.0；用于组织固定（常温或4 ℃固定2～16 h）。

（2）渗透保护液（10%、20%、30% 蔗糖）

使用DEPC-PBS缓冲液配制渗透保护液；用逐步升高浓度的蔗糖溶液缓慢调节细胞内外渗透压，防止组织结构损伤。

（3）石蜡与脱水液

不同浓度的无水乙醇（70%、85%、95%、100%），用于石蜡透明的二甲苯（xylene），62～65 ℃的石蜡。

用途：组织脱水、透明和包埋。

3.2 探针合成相关试剂

（1）RNA探针体外转录体系

模板 DNA（线性化质粒或PCR产物）、DIG RNA Labeling Mix（含DIG-UTP）、T7/SP6/T3 RNA polymerase（根据模板方向）、转录缓冲液（试剂盒配套）、RNase inhibitor（20～40 U/mL），反应条件为37 ℃，2 h。

利用LiCl沉淀或柱纯化试剂盒回收探针产物，并通过琼脂糖凝胶电泳检测探针的长度和纯化。

3.3 杂交和洗脱缓冲液

（1）盐-柠檬酸钠缓冲液（saline-sodium citrate buffer，SSC）

20× SSC储液，3 mol/L NaCl，0.3 mol/L sodium citrate（三水合柠檬酸

钠），pH调至7.0。

（2）杂交缓冲液（hybridization buffer）的配制如表15-1所示。

表15-1 杂交缓冲液的配制

成分	浓度	说明
Formamide	50%	增加杂交特异性
20× SSC	5×(最终)	调节杂交环境
Denhardt's液	1×	阻断非特异结合
酵母tRNA	(0.5～1)mg/mL	阻断非特异结合
SDS	0.1%	表面活性剂,增强穿透性
DEPC水补足		确保RNase-free

杂交温度：根据探针的T_m值，一般设置为50～58 ℃。

3.4 洗脱缓冲液（后杂交洗涤）

2× SSC，含0.1% Tween-20，用于初步洗脱；0.2× SSC，用于较高温度下的严格洗脱。

温度：通常在室温至55 ℃之间调节，具体视背景情况而定。

3.5 显色试剂

（1）DIG抗体（Anti-DIG-AP）

抗DIG，结合碱性磷酸酶（AP）；稀释浓度：（1∶2,000）～（1∶5,000），使用缓冲液稀释；用于探针DIG标记的识别。

（2）显色底物（NBT/BCIP）

NBT（nitro blue tetrazolium chloride）：0.35 mg/mL；BCIP（5-Bromo-4-chloro-3-indolyl phosphate）：0.175 mg/mL；显色缓冲液：100 mmol/L Tris-HCl，100 mmol/L NaCl，50 mmol/L $MgCl_2$，pH 9.5；显色时间：30 min至过夜，注意避光。

3.6 其他关键试剂与材料

RNase-free水或DEPC水：所有液体均需灭活RNase；蛋白酶K：组织处理中能提高探针的渗透性（如10 μg/mL，37 ℃ 15 min）；封片剂：市售封片剂。

【实验步骤】

1. 样品制备

（1）材料采集与固定

选取不同发育时期的玉米花药组织，剪下后立即放入4%多聚甲醛（PFA）/DEPC-PBS固定液中，在真空条件下固定30 min以上；然后，继续在4 ℃固定12～16 h。

（2）脱水与包埋

依次在以下不同浓度的乙醇中脱水（每步1 h）：30%、50%、70%、85%、95%、100%无水乙醇（2次）；接着利用二甲苯（xylene）处理，每次30 min，重复2次；再进行石蜡浸泡（60 ℃）处理，每次1 h，重复3次；最后模具包埋，室温固化。

（3）石蜡切片

切片厚度：8～10 μm；聚赖氨酸载玻片上展开，42～50 ℃烘片2 h或过夜。

2. RNA探针制备

（1）将克隆有目的基因的特异片段（300～1,000 bp）连接到含有T7/SP6启动子的载体上；

（2）用合适的限制性内切酶线性化载体；

（3）体外转录体系（含DIG-UTP）建立：

模板DNA、T7或SP6 RNA polymerase（依模板方向）、DIG RNA Labeling Mix、RNase inhibitor，反应条件为37 ℃ 2 h。

（4）LiCl沉淀探针或使用柱式纯化试剂盒纯化探针，最后溶于RNase-free水；

（5）探针浓度测定并变性（95 ℃孵育5 min，然后放置于冰水浴上冷却）。

3. 切片前处理

（1）切片脱蜡和水化

按以下方式依次处理：

二甲苯处理10 min，重复2次；100%、95%、85%、70%乙醇依次处理5 min；DEPC-PBS冲洗，去除残留溶剂。

（2）蛋白酶K消化

在37 ℃下，利用10 μg/mL的蛋白酶K（PBS稀释）处理15 min。

（3）用DEPC-PBS洗涤5 min，重复2次。

（4）4% PFA重固定10 min，然后用PBS冲洗。

4. 杂交步骤

（1）预杂交

杂交缓冲液（不含探针）：室温下预杂交1 h。

（2）杂交

加入含DIG标记探针的杂交缓冲液（浓度为0.5～1 ng/μL），利用盖玻片封住组织区域，放入湿盒中，并于55～58 ℃杂交过夜（12～16 h）。

5. 杂交后洗脱

杂交后洗片：

2× SSC，室温洗涤15 min，重读2次；0.2× SSC，55 ℃洗涤20 min，重复2次；TBST缓冲液洗涤1次。

6. 探针检测与显色

（1）抗体孵育

封闭：TBST稀释的1% BSA，室温下孵育30 min；

一抗孵育：加入DIG-AP抗体［(1∶2,000)～(1∶5,000)稀释于TBST］，37 ℃ 1 h或4 ℃过夜。

（2）显色反应

TBST洗涤5 min，重复3次；显色缓冲液孵育；避光显色，观察颜色变化（1 h～过夜）。

7. 终止反应与封片

（1）显色完成后，立即用TE缓冲液终止反应；

（2）用去离子水冲洗载玻片，晾干；

（3）用封片剂封片，镜下观察。

8. 成像与记录

在光学显微镜下拍照记录。

【实验结果】

图15-3是原位杂交显示早期野生型花药中*CIKs*的表达模式图[10]。

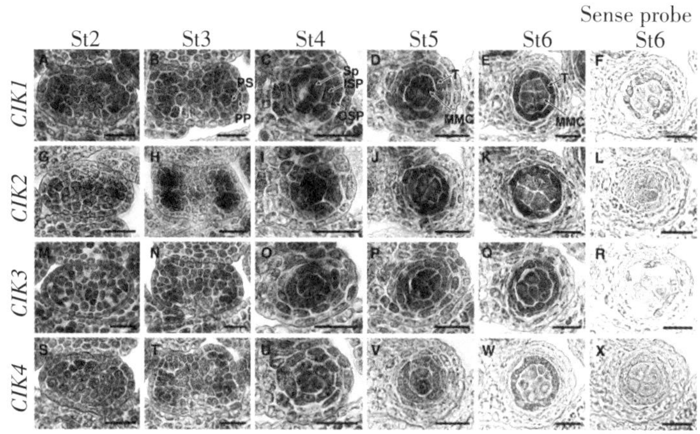

图15-3 原位杂交显示早期野生型花药中*CIKs*的表达模式图

【注意事项】

（1）探针设计时，注意确保其特异性。

（2）实验过程中的固定时间和处理时间要适度，防止RNA降解。

（3）注意优化杂交和洗涤条件，平衡灵敏度和特异性。

【思考题】

（1）为什么RNA原位杂交实验中探针需要进行DIG标记，而不能使用未标记RNA？

（2）原位杂交实验中，选择探针区域时为何要避开UTR和高同源序列区？

（3）如果显色时间太长或背景信号过强，可能是什么原因？

（4）蛋白酶K消化时间过长或过短对实验结果分别会有什么影响？

（5）RNA原位杂交常设立反义探针和正义探针作为对照，请说明各自的作用，并分析设置这两个对照的必要性。

（向云　钱东）

实验十六　免疫荧光

【实验目的】

（1）了解免疫荧光的原理；

（2）观察蛋白的亚细胞定位；

（3）对比不同处理条件下蛋白表达的变化。

【实验原理】

免疫荧光（immunofluorescence，IF）是一种基于抗原抗体特异性识别反应，并结合荧光染料实现目标分子可视化的分子生物学技术。该方法通过特异性抗体识别并结合样本中的目标蛋白，进而利用与荧光染料结合的抗体将该抗原“标记”，在荧光显微镜下对靶蛋白进行定位分析。

免疫荧光实验通常包括两个核心组成部分：用于特异性识别目标蛋白的一抗系统和用于结合一抗并携带荧光标记的二抗系统。该实验的主要流程包括以下几个方面：首先，将细胞或组织样本固定并进行通透处理后，进行封闭孵育，然后加入特异性的一抗，使其和目标蛋白高亲和力结合；随后，加入带有荧光标记的二抗，该抗体可特异性识别并结合一抗，同时其偶联的荧光染料可在特定波长的激发光下发出荧光；最后，通过共聚焦显微镜观察，可在细胞或组织水平上定位目标蛋白的空间分布及表达变化。

根据抗体类型及荧光标记策略的不同，免疫荧光技术一般可分为直接免疫荧光法（直接将荧光标记偶联于一抗）和间接免疫荧光法（通过荧光二抗特异识别一抗）。间接免疫荧光法因信号放大效果更好、灵活性更强而被广泛采用。此外，免疫荧光还常与DAPI或Hoechst等核酸染料联合使用，用于标记细胞核等细胞内结构，辅助精准观察细胞的共定位。该技术已被广泛应用于细胞生物学、发育生物学、植物学及病理学等领域，在蛋白质的表达、定位、亚细胞结构、信号通路变化等研究中发挥着重要作用。

图16-1是免疫荧光原理示意图。

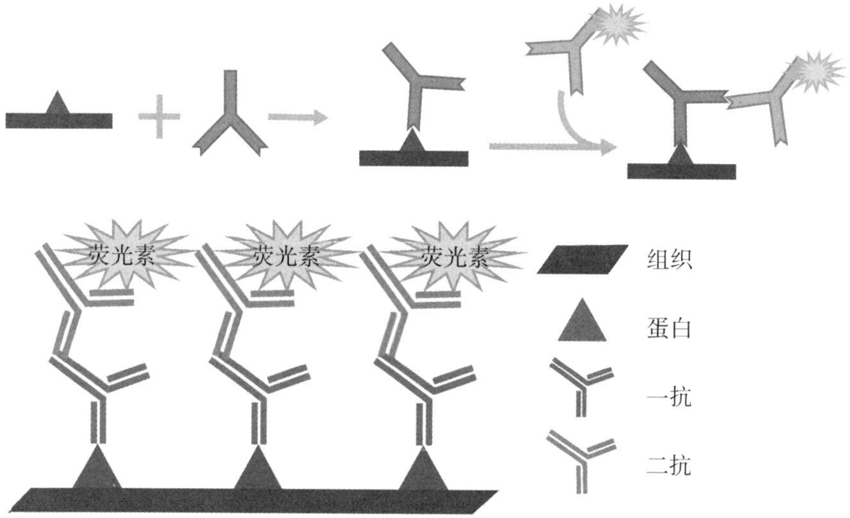

图16-1　免疫荧光原理示意图

【实验流程】

图16-2是免疫荧光实验流程图。

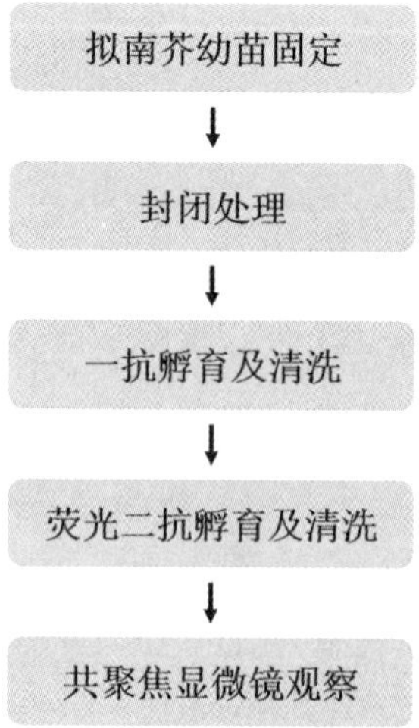

图16-2　免疫荧光实验流程图

【实验器材和试剂】

1. 实验仪器

荧光显微镜、共聚焦显微镜、离心机、恒温箱、水浴锅、水平摇床、冰箱、移液枪等。

2. 实验材料

拟南芥花粉管。

3. 实验试剂

4% 的固定液，PBS 缓冲液（pH 7.0～7.4）配制的 4% 多聚甲醛(paraformaldehyde)；PBS缓冲液：137 mmol/L NaCl，2.7 mmol/L KCl，10 mmol/L Na_2HPO_4，1.8 mmol/L KH_2PO_4，调节 pH 值到 7.2～7.4；封闭液：含有 3%～5% BSA 的 PBS 缓冲液；一抗：LM2、LM6、LM、JIM5 和 JIM7 抗体；荧光二抗，如 Alexa Fluor 488。

【实验步骤】

1. 固定液的配制

（1）称取 2 g 多聚甲醛，加入 50 mL 1× PBS，加热（不超过 60 ℃）至完全溶解，此时溶液变为无色透明；

（2）待冷却后，用 HCl 调节 pH 值到 7.2～7.4，加入 50 μL Triton X-100，充分混匀；

（3）按每管 1 mL 分装于 2 mL 离心管中，冻存在-20 ℃备用。

2. 组织固定

（1）从-20 ℃冰箱取出固定液，自然融化后，加入蔗糖，终浓度为 20%；

（2）滴加 100 μL 含 20% 蔗糖的固定液于萌发好的花粉管上（花粉在低熔点琼脂块上萌发，萌发完成后，按 1 cm^2 分割成小块琼脂），固定 30 min；

（3）固定完成后弃去液体。

3. PBS 洗涤

（1）加入 100 μL 1× PBS，孵育 5 min，弃去洗涤液；

（2）重复上述步骤3次，以彻底去除残留固定液。

4. 封闭处理

（1）将BSA粉末溶于1× PBS中，配制成3%的BSA封闭液；

（2）每个琼脂块上加入100 μL封闭液，在室温下孵育1 h；

（3）孵育结束后去除封闭液。

5. 一抗孵育

（1）用含有3% BSA的1× PBS溶液稀释一抗，稀释比例为1∶100；

（2）每个琼脂块上加入100 μL一抗稀释液；

（3）室温静置孵育1 h或在4 ℃冰箱中静置孵育过夜。

6. 洗脱一抗

（1）弃去抗体溶液，用100 μL 1× PBS孵育洗涤5 min；

（2）重复上述步骤5次，以清除未结合的抗体。

7. 二抗孵育

（1）用1× PBS溶液稀释荧光标记的二抗，稀释比例为1∶200；

（2）每个琼脂块上滴加100 μL的二抗稀释液，于室温避光孵育1 h。

8. 洗脱二抗

（1）吸弃二抗液体，加入100 μL 1× PBS孵育洗涤5 min；

（2）重复上述步骤5次，以减少背景荧光。

9. 图像采集

处理完成后，盖上盖玻片，在共聚焦显微镜下进行图像采集，避免因激光强度过高造成荧光信号衰减。

【实验结果】

图16-3是免疫荧光分析花粉管中细胞壁成分的分布图[11]。

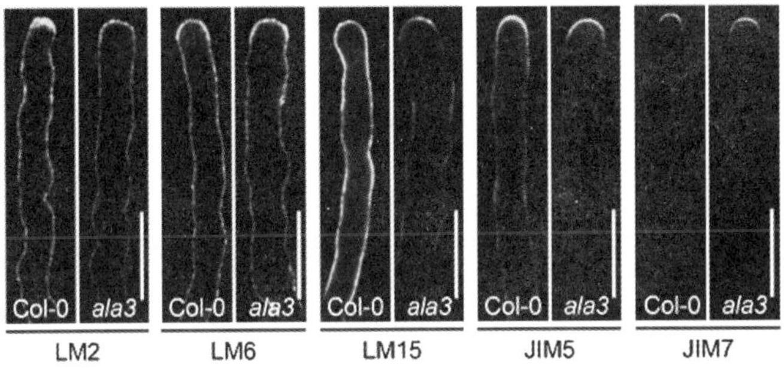

图16-3　免疫荧光分析花粉管中细胞壁成分的分布[11]

【注意事项】

（1）常用4% PFA作为固定剂，时间要控制好，过长会破坏抗原，过短则会导致结构不稳定。

（2）植物细胞壁较厚时，可加酶处理（如崩溃酶、Driselase）或延长透化时间。

（3）孵育时注意避光，尤其是添加荧光二抗后，以防荧光淬灭。

（4）使用PBS进行充分洗涤，避免背景信号干扰。

（5）图片采集时，共聚焦参数设置要保持一致，以便于后期比较分析。

【思考题】

（1）为什么需要进行封闭处理？是否可以跳过该步骤？

（2）荧光信号弱可能有哪些原因？

（3）如何验证所用抗体的特异性？

（4）荧光背景信号偏高，应如何处理？

（5）针对一个目标蛋白的亚细胞定位，如何设计相应的免疫荧光实验？

（向云　钱东）

实验十七 CRISPR-Cas9基因编辑

【实验目的】

（1）学习并掌握CRISPR-Cas9系统的基本原理；

（2）构建用于拟南芥基因敲除的CRISPR编辑载体；

（3）实现目标基因的敲除，获得稳定遗传的突变体材料。

【实验原理】

成簇规律间隔短回文重复序列/CRISPR相关蛋白9（clustered regularly interspaced short palindromic repeats/ CRISPR-associated protein 9，CRISPR-Cas9）系统是一种来源于古细菌的获得性免疫机制。它通过向导RNA（guide RNA，gRNA）识别靶序列，并招募Cas9核酸内切酶，在目标DNA区域产生双链断裂（double-strand break，DSB），从而触发细胞的DNA修复机制。在植物中，这一机制被用于对特定基因的定点突变和敲除。

CRISPR-Cas9系统由两部分构成：Cas9核酸内切酶，来源于链霉菌（如*Streptococcus pyogenes*），可在gRNA引导下识别特定的DNA靶点并进行切割；gRNA，由20个碱基的可变序列和Cas9结合区组成，前者与目标DNA序列互补，负责靶向识别目标DNA。gRNA的识别需要依赖靶序列下游末端存在一个前间区序列邻近基序（protospacer adjacent motif，PAM），在Cas9中通常为“NGG”。

当gRNA识别并引导Cas9结合至目标DNA序列后，Cas9核酸内切酶在该位点切割DNA，造成DNA双链断裂。细胞会通过自身的DNA修复机制修复这一断裂。该修复机制主要包括2种，即非同源末端连接（non-homologous end joining，NHEJ）修复和同源重组修复（homology directed repair，HDR）。NHEJ是一种错误率较高的修复机制，常在修复过程中产生碱基的插入（insertion）或缺失（deletion），从而移码突变或提前终止翻译，最终导致基因功能丧失。HDR在提供外源模板的条件下，可用于精确插入或替换特定的DNA序列，但在植物体内效率较低。

在本实验中，CRISPR-Cas9表达系统被构建于植物表达载体中，并通过农杆菌介导浸花法转入拟南芥中。抗性筛选获得T1代转基因植株后，可以通过PCR扩增并结合测序分析验证目标基因是否成功发生偏转。最终，筛选获得稳定遗传的纯合突变株系，用于后续的功能验证和表型分析。

图17-1是CRISPR-Cas9原理示意图。

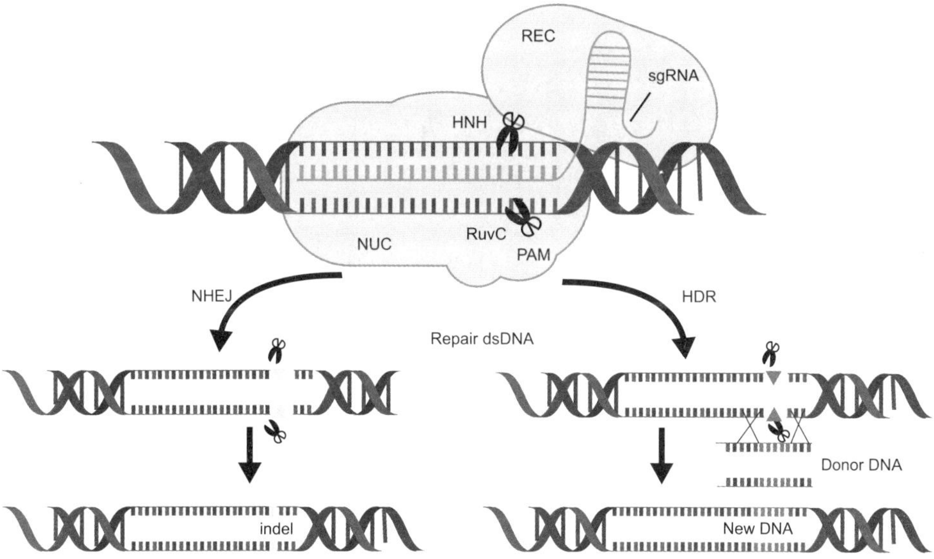

图17-1 CRISPR-Cas9原理示意图

【实验流程】

图17-2是CRISPR-Cas9实验流程。

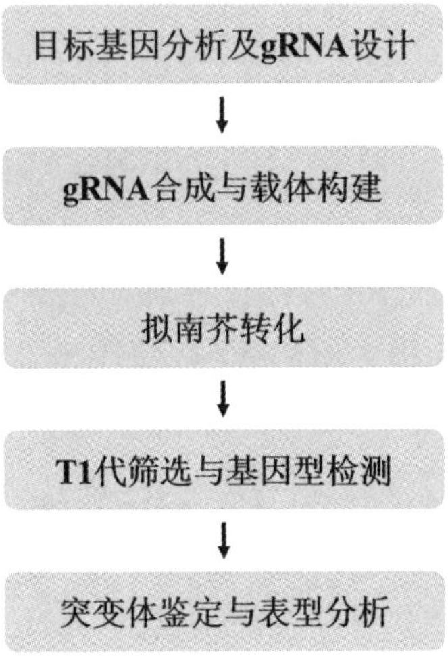

图17-2 CRISPR-Cas9实验流程

【实验器材和试剂】

1. 实验仪器

PCR仪、凝胶电泳系统、离心机、超净工作台、恒温培养箱、植物生长箱等。

2. 实验材料

大肠杆菌DH5α感受态、农杆菌GV3101感受态、开花的拟南芥、pCBC-DT1T2载体、pHEE401载体等。

3. 实验试剂

3.1 gRNA设计与载体构建

T4 DNA连接酶试剂盒，限制性内切酶（如*Bsa* Ⅰ、*Bbs* Ⅰ等），dNTP混合液，高保真DNA聚合酶，琼脂糖凝胶电泳缓冲液（TAE或TBE），DNA回收试剂盒，质粒提取试剂盒等。

3.2 拟南芥遗传转化（浸花法）

（1）YEP培养基：10 g/L胰蛋白胨、10 g/L酵母提取物、5 g/L NaCl，用于农杆菌液体培养；

（2）抗生素：卡那霉素、利福平和庆大霉素，用于菌培养和筛选；

（3）浸染液：含菌液稀释至OD_{600} = 0.8～1.0，添加5%蔗糖+0.02%表面

活性剂Silwet L-77，拟南芥花期转化浸染液。

3.3 筛选与突变检测

（1）潮霉素（hygromycin，Hyg）抗性筛选平板：MS培养基 + 1% 蔗糖 + 40 μg/mL Hyg + 1% 琼脂，用于T1代阳性植株筛选；

（2）CTAB法植物基因组DNA提取液：20 g/L CTAB、12.11 g/L Tris、4.844 g/L EDTA、81.82 g/L NaCl，用于PCR检测或测序；

（3）PCR试剂：Taq酶、引物、模板DNA、缓冲液等，用于检测目标基因是否突变；

（3）DNA测序公司外包服务，如Sanger测序，精准确认目标基因编辑位点的DNA序列变化。

【实验步骤】

1. gRNA设计

（1）使用在线网站工具（https://crispor.gi.ucsc.edu/）设计靶点序列，优先选择外显子上游区域；

（2）选择PAM序列为NGG的靶点，对于单基因编辑，最好选择2个靶点以提高编辑效率；

（3）靶点选择时避免脱靶，通过全基因组序列比对，排除与其他基因高度相似的位点（网站提供）。

2. 引物设计

本实验引物参照中国农业大学陈其军教授实验室已建立的方法体系与载体构建策略进行设计[12]，略有改动。

引物结构如下：

DT1-BsF：ATATATGGTCTCGATTGNNNNNNNNNNNNNNNNNNGTT

DT1-F0：TGNNNNNNNNNNNNNNNNNNNGTTTTAGAGCTAGAAATAGC

DT2-R0：AACNNNNNNNNNNNNNNNNNNCAATCTCTTAGTCGACTC-TAC

DT2-BsR：ATTATTGGTCTCGAAACNNNNNNNNNNNNNNNNNNC

实际应用中，针对目标基因，需用1个19-nt靶点序列来替换引物

F0/BsF中的19-nt N；另一个19-nt靶点的反向互补序列来替换-R0/BsR中的19-nt N。

3. PCR扩增

（1）以稀释100倍的pCBC-DT1T2为模板，以DT1-F0 + DT2-R0为引物进行第一轮PCR扩增；

（2）以上一步扩增产物为模板，以DT1-BsF + DT2-BsR为引物进行二轮扩增。

4. PCR产物纯化回收

对PCR产物进行纯化回收，并建立如下酶切-连接体系，如表17-1所示。

表17-1 酶切-连接体系和反应条件

成分	体积(μL)	反应条件
PCR片段(626 bp)	2	5 h, 37 ℃ 5 min, 50 ℃ 10 min, 80 ℃
pHEE401	2	
10× NEB T4 Buffer	1.5	
10× BSA	1.5	
Bsa I(NEB)	1	
T4 Ligase(NEB)/高浓度	1	
ddH_2O	6	
Total	15	

5. 大肠杆菌转化

（1）上述连接反应液转化大肠杆菌感受态，并用含Kan抗生素的LB平板筛选；

（2）菌落PCR鉴定，以U626-IDF和U629-IDR为引物进行PCR扩增，获得片段大小为726 bp的条带；

（3）以U626-IDF和U629-IDF作为引物进行测序。

菌落PCR及测序引物序列如下：

U626-IDF：TGTCCCAGGATTAGAATGATTAGGC

U629-IDF：TTAATCCAAACTACTGCAGCCTGAC

U629-IDR：AGCCCTCTTCTTTCGATCCATCAAC

6. 拟南芥转化

（1）将上述鉴定正确的pHEE-gRNA载体转化至农杆菌GV3101，并进行鉴定；

（2）通过浸染法转化拟南芥，将剪去完全开放花朵的拟南芥花苞浸泡在带有表面活性剂（Silwet L-77）的菌液中10～30 s；

（3）避光，并保湿放置24 h后恢复正常培养。

7. T1代阳性苗筛选与突变检测

（1）T1代种子点播在含有Hyg的MS平板上，筛选获得阳性植株，并移栽到营养土中培养；

（2）剪取阳性苗的叶片，进行基因组DNA提取；

（3）设计引物，对目标编辑位点上下游序列进行PCR扩增和琼脂糖凝胶鉴定；

（4）通过测序（Sanger测序）分析目的基因具体编辑情况。

【实验结果】

图17-3是pHEE编辑载体构建、测序分析和表型筛选结果图[12]。

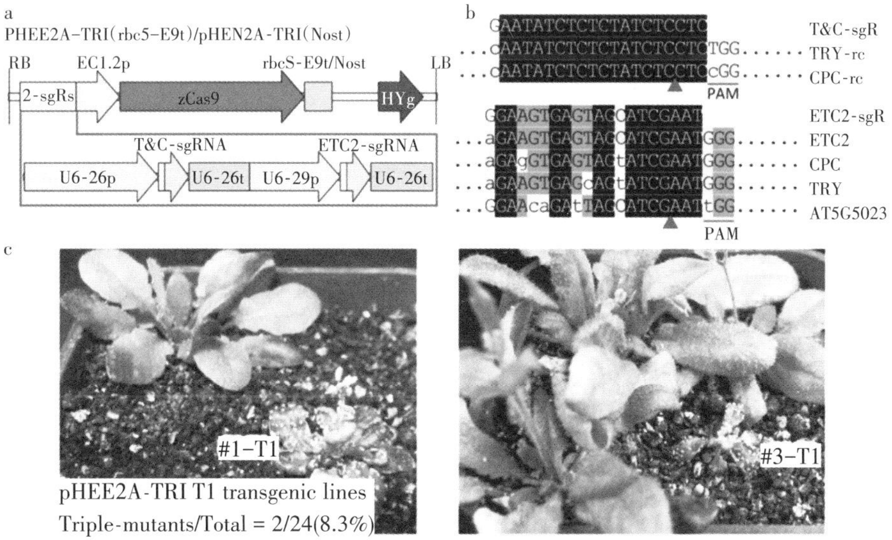

图17-3　pHEE编辑载体构建、测序分析和表型筛选结果图

【注意事项】

（1）gRNA设计非常关键，应兼顾高效率和低脱靶率。

（2）为了提高编辑效率，可以设计多组靶点共同编辑。

（3）转化后应遮光1天，以提高浸染效率。

（4）T1代多为嵌合体，应通过T2代确认是否为稳定遗传突变。

【思考题】

（1）如何判断获得的是纯合突变体、杂合突变体还是嵌合体？

（2）为什么同一个靶点用多组gRNA联合编辑效果会更佳？

（3）如何避免或检测脱靶效应（off-target）？

（4）若目标基因敲除没有产生明显表型，可能的原因有哪些？如何进一步验证其功能？

（钱东　向云　王沐璇）

实验十八　单细胞测序技术

【实验目的】

（1）了解植物单细胞RNA测序的基本原理和技术路线；

（2）掌握拟南芥根组织单细胞分离与文库构建的基本方法；

（3）为后续细胞谱系分析、细胞状态推断、信号通路研究等提供基础。

【实验原理】

单细胞RNA测序（single-cell RNA sequencing，scRNA-seq）是一种以单个细胞为单位进行转录组表达分析的高通量测序技术。相较于传统的群体RNA测序（bulk RNA-seq），scRNA-seq具有揭示细胞间异质性、重建发育轨迹和识别罕见细胞群等独特优势。该技术已在动物、植物及微生物中广泛应用，是研究细胞命运、组织发育动态、胁迫响应及转录调控网络的重要技术。

在植物中，细胞壁的存在为单细胞分离带来了技术挑战。因此，植物scRNA-seq实验中，最为关键的一步是首先通过酶解方法获得去壁原生质体（protoplast），才能进入后续的建库和测序流程。本实验以模式植物拟南芥（*Arabidopsis thaliana*）为例，通过优化的酶解体系从其根部组织中成功分离出高活性的原生质体，进而开展单细胞水平的基因表达分析。通过本实验，可获得拟南芥根部不同细胞类型的基因表达图谱，从而为深入理解根部发育、组织模式建立及环境响应机制提供数据支持。

图18-1是单细胞测序原理示意图[13]。

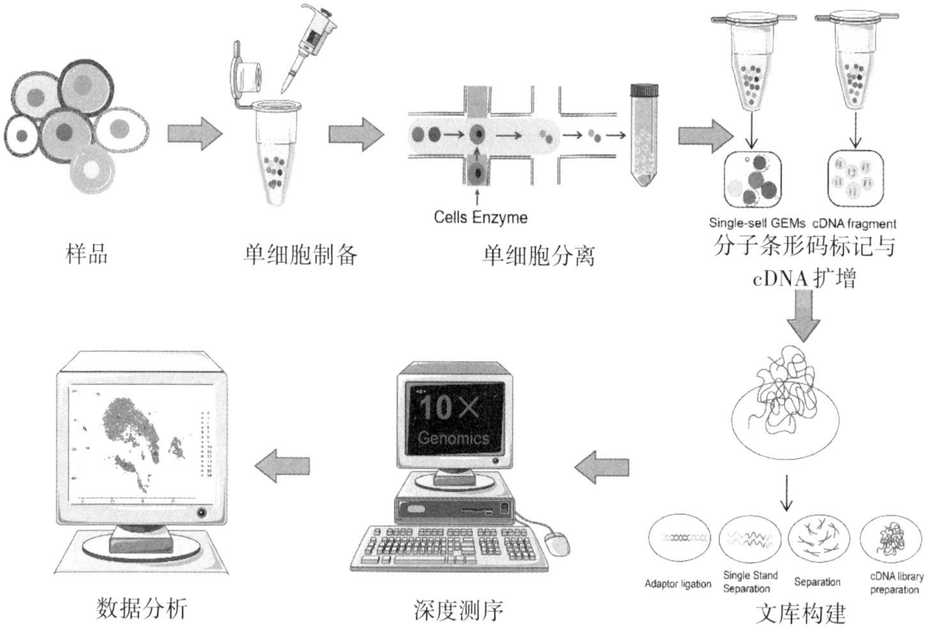

图18-1　单细胞测序原理示意图

【实验流程】

图18-2是单细胞测序实验流程。

根组织取材

↓

组织酶解与单细胞制备

↓

细胞活性检测与计数

↓

单细胞捕获与条形码标记

↓

反转录与cDNA扩增

↓

文库构建

↓

高通量测序

↓

数据分析（表达谱绘制等）

图18-2　单细胞测序实验流程

【实验器材和试剂】

1. 实验仪器

超净工作台、高压灭菌锅、恒温摇床、倒置荧光显微镜、台式离心机、细胞过滤器（40 μm、70 μm cell strainer）、血球计数板/自动细胞计数仪、小型冷冻离心机（4 ℃）、10× Chromium Controller、PCR仪、Qubit荧光定量仪、Bioanalyzer/Tapestation、磁力架（Magnetic stand）、冰盒与干冰、测序仪、数据分析工作站、移液器、冰箱（4 ℃/-20 ℃）、pH计等。

2. 实验材料

植物组织：5～7天的拟南芥幼苗的根。

3. 实验试剂

3.1　酶解液的配制

酶解液的配制（用于原生质体制备），如表18-1所示。

表18-1　原生质体制备酶解液的配制

试剂名称	终浓度	用途
Cellulase R10	1.5%（w/v）	分解细胞壁纤维素
Macerozyme R10	0.4%(w/v)	分解细胞间层果胶
Mannitol	0.4 mol/L	维持高渗,防止细胞破裂
MES缓冲液	10 mmol/L（pH 5.7）	稳定pH
$CaCl_2$	10 mmol/L	稳定细胞膜
KCl	20 mmol/L	保持离子强度
BSA(Fraction V)	0.1%(w/v)	稳定酶、保护细胞膜
RNase inhibitor	1 U/μL(可选)	防止RNA降解
DEPC水/ RNase free		所有溶液配制用水

酶解液需在恒温摇床中37 ℃轻摇（50～60 r/min）孵育2 h，其间可定期用显微镜检查原生质体释放情况。

3.2 W5缓冲液

W5缓冲液的配制如表18-2所示。

表18-2 W5缓冲液的配制

成分	浓度	作用
NaCl	154 mmol/L	维持渗透压和离子平衡
$CaCl_2$	125 mmol/L	稳定原生质体膜结构
KCl	5 mmol/L	维持细胞内环境
MES（pH 5.7）	2 mmol/L	缓冲系统，维持pH
葡萄糖（可选）	5%～10%（w/v）	提供能量，增强稳定性（可选）

酶消化完成后，立即加入W5溶液，用于洗涤原生质体、移除酶液、稳定原生质体状态等。

3.3 原生质体处理与单细胞制备相关溶液的配制

原生质体处理与单细胞制备相关溶液的配制，如表18-3所示。

表18-3 原生质体处理与单细胞制备相关溶液的配制

试剂名称	浓度	用途
PBS缓冲液（无RNA酶）	1×	洗涤和重悬原生质体
Trypan Blue染液	0.4%（w/v）	检查活细胞比例
40 μm、70 μm Cell Strainer		过滤细胞团块
RNaseZap/RNase Away		器具消毒，除RNA酶

3.4 10× Genomics 单细胞建库（基于Chromium平台）

单细胞建库核心试剂，Chromium Next GEM Single Cell 3′Kit v3.1/v4，100 rxns；单细胞微液滴芯片，Chromium Chip G/K，8样本每芯片；cDNA及文库纯化，AMPure XP Beads，按建库流程比例使用；文库浓度检测试剂，Qubit dsDNA HS Assay Kit，检测范围为10 pg/μL～100 ng/μL；文库完整性检查试剂，Agilent HS DNA Kit，检测片段大小为100～6,000 bp；所有文库和RNA操作中用Nuclease-free water。

【实验步骤】

1. 根组织采集与预处理

（1）收获5～7天龄的拟南芥幼苗，用无菌水快速冲洗根部，以去除培养基残留；

（2）在冰上或4 ℃下剪取根段，尽量去除茎和子叶的部分。

2. 细胞消化与单细胞悬液制备

（1）将根段放入酶解液中，于37 ℃温和震荡消化30 ～60 min；

（2）可选：抽真空渗透处理10 min，以提高酶解效率；

（3）消化后使用40 μm筛网过滤细胞悬液，以去除未消化的组织；

（4）用W5缓冲液轻轻离心（100 *g*）5 min，重复2次；

（5）用PBS重悬沉淀；

（6）PI或DAPI染色后，利用流式细胞仪检测活细胞比例（>80%）；

（7）通过30 μm滤网再次过滤，以去除细胞团。

3. 细胞计数与浓度调整

（1）使用自动细胞计数仪或血球计数板统计细胞浓度；

（2）调整细胞浓度至平台推荐值：

对于10× Genomics平台：700～1,200 cells/μL，细胞总量控制在1万个左右。

4. 上机建库（以10× Genomics为例）

（1）将细胞悬液加载到Chromium芯片，与油滴和试剂混合生成凝胶珠-水包油乳液（gel bead-in emulsions，GEMs）；

（2）按照试剂盒说明进行反转录和文库扩增；

（3）利用Agilent Bioanalyzer或Qubit对文库进行质量检测；

（4）利用Illumina平台进行高通量测序。

5. 数据分析

（1）使用Cell Ranger软件进行reads比对、唯一分子标识符（unique molecular identifier，UMI）计数、聚类等初步处理；

（2）下游分析可用Seurat（R）、Scanpy（Python）等分析工具包进行细胞聚类、差异表达分析、拟时序分析、基因共表达网络分析等。

【实验结果】

图18-3是拟南芥根单细胞测序结果分析[14]。

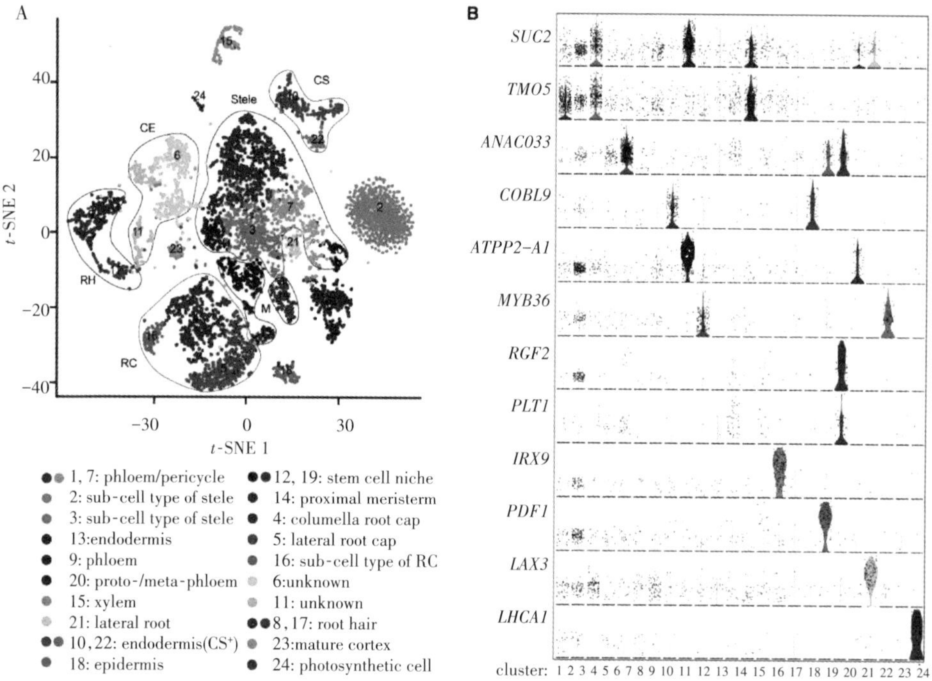

图18-3 拟南芥根单细胞测序结果分析

【注意事项】

（1）收集新鲜的根组织，注意避免机械损伤。

（2）由于不同发育时期根组织的细胞壁差异较大，应根据不同的组织和发育时期，注意优化酶解条件。

（3）为防止RNA降解，整个实验流程中，需要保持RNase-free操作环境。

（4）细胞的浓度和存活率对文库质量的影响极大，在建库前需要严格检测。

（5）文库构建过程中应尽量避免产生气泡，并严格控制反应时间，以确保建库效率和质量。

【思考题】

（1）对根部组织的基因表达进行分析时，单细胞测序相比传统bulk RNA-seq有什么优势？

（2）拟南芥根部组织主要有哪些细胞类型？是否可以通过scRNA-seq来分辨它们？

（3）如何判断scRNA-seq获得的数据质量是否可靠？

（4）如果细胞的存活率较低，可能的原因有哪些？

（向云　钱东）

参考文献

[1]CAO J, LIANG Y, YAN T, et al. The photomorphogenic repressors BBX28 and BBX29 integrate light and brassinosteroid signaling to inhibit seedling development in *Arabidopsis*[J]. The Plant Cell, 2022, 34:2266–2285.

[2]MARTINDALE J, GOROSPE M, IDDA M. Ribonucleoprotein Immunoprecipitation(RIP)Analysis[J]. Bio–protocol, 2020, 10:e3488.

[3]HU C, ZHU Y, CUI Y, et al. A group of receptor kinases are essential for CLAVATA signaling to maintain stem cell homeostasis[J]. Nature Plants, 2018, 4: 205–211.

[4] WANG X, LI Q, CHEN H, et al. Trihelix transcription factor GT–4 mediates salt tolerance via interaction with TEM2 in Arabidopsis[J]. BMC Plant Biology, 2014, 14:339.

[5]ALBERTI S, GLADFELTER A, MITTAG T. Considerations and Challenges in Studying Liquid–Liquid Phase Separation and Biomolecular Condensates[J]. Cell, 2019, 176:419–434.

[6]ZHAO M, YU Y, SUN L, et al. GCG inhibits SARS–CoV–2 replication by disrupting the liquid phase condensation of its nucleocapsid protein[J]. Nature Communications, 2021, 12:2114.

[7]ZONG Z, XIE F, WANG S, et al. Alanyl–tRNA synthetase, AARS1, is a lactate sensor and lactyltransferase that lactylates p53 and contributes to tumorigenesis[J]. Cell, 2024, 187:2375–2392.

[8]SAPONARO A. Isothermal Titration Calorimetry: A Biophysical Method to Characterize the Interaction between Label–free Biomolecules in Solution[J].

Bio-protocol, 2018, 8:e2957.

[9] CHEN Q, LIU K, SHI N, et al. Neuraminidase 1 promotes renal fibrosis development in male mice[J]. Nature Communications, 2023, 14:1713.

[10] CUI Y, HU C, ZHU Y, et al. CIK Receptor Kinases Determine Cell Fate Specification during Early Anther Development in Arabidopsis[J]. The Plant Cell, 2018, 30:2383-2401.

[11] ZHOU Y, YANG Y, NIU Y, et al. The Tip-Localized Phosphatidylserine Established by *Arabidopsis* ALA3 Is Crucial for Rab GTPase-Mediated Vesicle Trafficking and Pollen Tube Growth[J]. The Plant Cell, 2020, 32:3170-3187.

[12] WANG Z, XING H, DONG L, et al. Egg cell-specific promoter-controlled CRISPR/Cas9 efficiently generates homozygous mutants for multiple target genes in Arabidopsis in a single generation[J]. Genome Biology, 2015, 16:144.

[13] WANG S, SUN S, ZHANG X, et al. The Evolution of Single-Cell RNA Sequencing Technology and Application: Progress and Perspectives[J]. International Journal of Molecular Sciences, 2023, 24:2943.

[14] ZHANG T, XU Z, SHANG G, et al. A Single-Cell RNA Sequencing Profiles the Developmental Landscape of *Arabidopsis* Root[J]. Molecular Plant, 2019, 12:648-660.